TOPOGRAPHIE ET CONSOLI[...]

DES

CARRIÈRES SOUS PARIS

AVEC

UNE DESCRIPTION GÉOLOGIQUE ET HYDROLOGIQUE DU SOL

ET QUATRE PLANS COTÉS EN COULEUR

A L'USAGE DES INGÉNIEURS, DES ARCHITECTES ET DES CONSTRUCTEURS

Ouvrage honoré d'une souscription du Conseil municipal de Paris

ET PUBLIÉ

Avec l'autorisation de M. le Préfet de la Seine

PAR

J.-T. DUNKEL

GARDE-MINES PRINCIPAL
CHEF DE BUREAU DE L'INSPECTION GÉNÉRALE DES CARRIÈRES DE LA SEINE
OFFICIER DE L'INSTRUCTION PUBLIQUE

PARIS

Ve A. MOREL ET Cie, LIBRAIRES-ÉDITEURS

DES FOSSEZ ET Cie, SUCCESSEURS

13, RUE BONAPARTE, 13

TOPOGRAPHIE ET CONSOLIDATION

DES

CARRIÈRES SOUS PARIS

BOURLOTON. — Impriméries réunies, D.

TOPOGRAPHIE ET CONSOLIDATION

DES

CARRIÈRES SOUS PARIS

AVEC

UNE DESCRIPTION GÉOLOGIQUE ET HYDROLOGIQUE DU SOL

ET QUATRE PLANS COTÉS EN COULEUR

A L'USAGE DES INGÉNIEURS, DES ARCHITECTES ET DES CONSTRUCTEURS

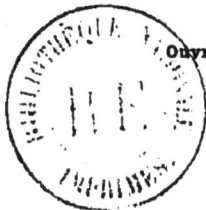

Ouvrage honoré d'une souscription du Conseil municipal de Paris

ET PUBLIÉ

Avec l'autorisation de M. le Préfet de la Seine

PAR

J.-T. DUNKEL

GARDE-MINES PRINCIPAL
CHEF DE BUREAU DE L'INSPECTION GÉNÉRALE DES CARRIÈRES DE LA SEINE
OFFICIER DE L'INSTRUCTION PUBLIQUE

PARIS

Vᵛᵉ A. MOREL ET Cⁱᵉ, LIBRAIRES-ÉDITEURS

DES FOSSEZ ET Cⁱᵉ, SUCCESSEURS

13, RUE BONAPARTE, 13

—

1885

PRÉFACE

Grâce aux travaux de Delesse, récemment enlevé aux sciences, on possède sur la constitution du sol de Paris et de ses environs une multitude de détails intéressants, consignés dans des cartes spéciales, d'un grand format et d'un prix élevé. Ces cartes, publiées une première fois aux frais du département de la Seine, en 1862 et 1865, ont été réimprimées en 1880 et 1882, à la demande du Conseil général [1].

On aurait lieu d'être surpris de la somme considérable de renseignements que représentent ces cartes, si on ne savait qu'outre ses travaux scientifiques et le haut enseignement dont il était chargé, Delesse a, pendant de longues années, exercé les fonctions d'Ingénieur des mines dans le département de la Seine. Disposant à ce titre d'un certain nombre d'agents chargés de la surveillance des carrières exploitées dans Paris et ses environs, il avait fait de ces agents autant de collaborateurs subordonnés, avec le concours desquels ont été obtenus les résultats exceptionnels que représentent, au point de vue des détails, les cartes hydrologiques, géologiques et agronomiques publiées sous sa direction.

Une autre publication faite aux frais de la ville de Paris, en 1859, sous la

---

1. Les cartes de Delesse, propriété de l'Administration, n'existent pas dans le commerce. Les rares exemplaires qui s'y rencontrent par occasion se vendent très cher.

direction de M. E. Lefébure de Fourcy, alors attaché à l'Inspection des carrières comme Ingénieur des mines, a résumé, sous la forme graphique, tous les faits connus concernant les anciennes carrières de Paris, tant sous les voies publiques que sous les propriétés particulières. L'*Atlas souterrain de Paris*, c'en est le titre, comprenait le territoire de Paris avant l'annexion, plus la région du nouveau Paris, dite des Catacombes, où est situé l'Ossuaire municipal. Malheureusement, presque tous les exemplaires en avaient été réunis à l'Hôtel de Ville, en 1871, et ils ont été détruits dans l'incendie du monument, avec tous les plans que possédait l'Inspection des carrières. Il n'en reste que les quelques exemplaires qui avaient été distribués à un petit nombre de fonctionnaires. L'*Atlas souterrain de Paris* est donc un ouvrage actuellement introuvable, et l'inspection des carrières en possède à peine un nombre d'exemplaires suffisant pour ses besoins.

Un complément à l'Atlas dont il vient d'être question avait été rendu nécessaire par l'extension de Paris en 1860. Ce travail, inachevé en 1871 et dont les matériaux ont dû être entièrement reconstitués, n'a pas été publié. Une reproduction provisoire en est faite par la photographie au fur et à mesure de l'exécution, mais seulement pour les besoins des services de la Ville.

On voit, par les détails qui précèdent, que les ressources d'information publiées et non publiées que possède l'Administration ne sont guère à la portée du public, qui, à peu d'exceptions près, en ignore l'existence; et l'on ne peut trop vivement regretter qu'il en soit ainsi. La plupart des personnes s'occupant de constructions dans Paris auraient un réel intérêt à les posséder, ou au moins à pouvoir les consulter facilement. Or, dans l'état actuel des choses, ce n'est que dans les bureaux de l'Inspection des carrières, c'est-à-dire d'une façon intermittente et au prix de dérangements considérables, qu'elles peuvent être mises à la disposition des intéressés.

Était-il possible de tirer parti dans une plus grande mesure, au profit de l'intérêt général et des intérêts privés en cela concordants, des documents précédemment mentionnés?

Il nous a semblé qu'un ouvrage susceptible d'être lu sans exiger des connaissances spéciales, et où les renseignements seraient condensés en ce qu'ils ont d'essentiel, permettrait d'atteindre le but. Dans la plupart des cas, en effet, il suffit aux propriétaires, architectes et entrepreneurs d'être renseignés sur les conditions *générales* du sol ; de savoir principalement si une localité est ou n'est pas sous-minée. Un premier aperçu de ce genre accompagné de quelques indications techniques est de haute importance pour la rédaction des projets et pour l'évaluation des dépenses. L'ouvrage dont il s'agit ferait d'ailleurs reconnaître, le cas échéant, si une enquête des conditions du sous-sol est nécessaire et s'il y a lieu de recourir à la consultation des renseignements de détail existant dans les bureaux de l'Inspection des carrières, ou, à leur défaut, aux travaux d'exploration.

En conséquence des observations qui précèdent, nous avons entrepris de combler une lacune qui nous avait été fréquemment signalée et dont nous avions reconnu les inconvénients. A cette fin, nous avons consigné les faits d'ensemble concernant le sol et le sous-sol parisiens, sur des plans de format réduit dont voici la nomenclature :

1. Plan de Paris indiquant le Relief général du sol et le niveau des 200 points repérés.
2. — — les limites des Formations géologiques et la coupe du sol au droit de 200 points repérés.
3. — — les Nappes d'eau souterraines et le niveau de l'eau au droit de 200 points repérés.
4. — — les Régions sous-minées et le niveau supérieur des vides souterrains au droit des points repérés.

Quant au texte qui accompagne ces plans d'un indispensable commentaire, il a été divisé en chapitres dans chacun desquels ont été traités d'une manière succincte et cependant suffisante, croyons-nous, pour les besoins auxquels il s'agit de pourvoir :

1° Les notions relatives à la constitution du sol ;

2° Celles relatives au régime des eaux souterraines ;

3° Les détails techniques relatifs à l'exploitation des carrières ; la description de l'état des anciens vides souterrains ;

4° Les procédés employés pour la reconnaissance et la consolidation des anciennes carrières.

A ces matières, il a paru utile de joindre une notice concernant l'Ossuaire et l'ensemble des Catacombes de Paris. Il était assurément convenable de fixer les idées sur ce sujet qui excite la curiosité, mais sur lequel beaucoup de fausses notions ont cours ; il n'était pas non plus sans intérêt d'entrer dans quelques détails touchant les anciennes carrières, leur origine, les inconvénients auxquels elles ont donné lieu et les efforts faits par l'Administration pour remédier à la situation difficile qu'elles ont créée. Ces renseignements sont en effet de nature à éclairer les propriétaires d'immeubles sur leurs obligations et sur les responsabilités qui leur incombent du fait des carrières. Les mêmes motifs ont fait annexer à la notice dont il s'agit, les textes des règlements en vigueur relatifs à l'exploitation des carrières, à l'utilisation des anciens vides et aux permissions de bâtir dans les zones des terrains sous-minés. Ces documents contiennent des renseignements essentiels à connaître, qu'on ne trouve à leur date que dans la volumineuse collection des Actes administratifs du département de la Seine, seul recueil où ils aient été insérés.

Par une délibération en date du 10 novembre 1884, le Conseil municipal de Paris, sur la proposition de M. le Préfet de la Seine, a autorisé l'Administration de la Ville à souscrire au présent ouvrage, en vue de faciliter sa publication. Nous avons le devoir strict de reconnaître ici qu'un encouragement aussi honorable trouve son explication dans les conseils et les directions qui nous ont été donnés par M. Roger, Ingénieur en chef des mines, Inspecteur général des carrières de la Seine, et par M. Rigaud, Ingénieur des mines, attaché au même service, ainsi que dans la bienveillante et haute intervention de M. Alphand, Directeur des travaux de Paris.

TOPOGRAPHIE ET CONSOLIDATION

DES

CARRIÈRES SOUS PARIS

CHAPITRE PREMIER

CONSTITUTION DU SOL PARISIEN

NOTIONS PRÉLIMINAIRES

1. — Avant d'esquisser dans ses traits généraux la topographie souterraine de Paris, il convient de rappeler que la formation des diverses parties constitutives du sol a été rapportée à des époques successives, séparées par des cataclysmes dont les traces, à demi effacées, se laissent difficilement saisir par l'observation directe. En conséquence de cette hypothèse, les noms de *primitive, de transition, secondaire, tertiaire* et *quaternaire,* qu'on applique également à la classification des divers terrains, ont été adoptés pour désigner des périodes de temps indéterminées, pendant lesquelles un régime plus ou moins calme et régulier a permis à un nouvel ordre de choses de se constituer et de subsister d'une manière durable. Les termes de cette classification constatent et distinguent les principales phases traversées par la terre depuis l'état d'ignition, considéré comme état initial, jusqu'à celui qu'elle manifeste de nos jours.

2. TERRAINS PRIMITIFS. — Les terrains de l'époque primitive sont la base et le fondement de l'enveloppe solide de notre planète. Composées de matières peu fusibles, à texture cristalline, les roches granitoïdes qui constituent ces terrains et les massifs qu'elles forment ne sont pas disposés par couches sensiblement parallèles entre elles, comme le sont les masses minérales appartenant aux époques plus récentes.

Selon la théorie admise, les terrains primitifs, dont la puissance est inconnue

2

mais considérable, recouvrent en les comprimant des matières maintenues en fusion par la chaleur centrale. Par suite des vicissitudes propres à l'écorce terrestre, les matières fluides dont il s'agit, en pénétrant dans les terrains de formation postérieure, y ont fréquemment produit des *épanchements;* de nos jours encore elles traversent quelquefois d'énormes épaisseurs de recouvrements et se répandent à la surface du sol contemporain par l'orifice des cheminées volcaniques ou par leurs flancs effondrés.

3. TERRAINS STRATIFIÉS. — Les terrains formés postérieurement à l'époque primitive sont au contraire *stratifiés,* c'est-à-dire disposés en couches superposées. Ils résultent, à l'exception des épanchements et des injections volcaniques qui s'y rencontrent accidentellement, de sédiments formés et déposés au sein des eaux.

L'allure des couches, ordinairement horizontales au moment de leur formation, a été plus ou moins profondément modifiée depuis, surtout dans les pays de montagnes et ceux avoisinants. Sous les influences combinées de la pesanteur et des forces répulsives internes, dont les tremblements de terre attestent l'existence, les couches dont il s'agit ont été soulevées irrégulièrement, inclinées, fracturées; parfois elles sont ondulées et plissées comme si l'espace qu'elles occupaient d'abord s'était ultérieurement resserré.

Les mêmes terrains stratifiés ont subi, d'autre part, l'action des eaux en mouvement, capables, sous certaines conditions de volume, de vitesse et de durée, des effets les plus énergiques, tels que le creusement des vallées d'érosion, par exemple.

C'est à ces deux sortes d'action et à la nature des roches constituantes que sont principalement dues les nombreuses variétés de forme qu'affecte le relief du sol.

4. AFFLEUREMENT. ALLURE DES COUCHES. — Lorsque des terrains apparaissent à la surface du sol, soit dans le flanc des escarpements, soit sous les pieds de l'observateur, on dit que ces terrains *affleurent.*

Les terrains stratifiés *plongen,* dès qu'ils sont inclinés; c'est leur allure ordinaire. Dans ce cas l'orientation des lignes horizontales menées dans le plan même d'une couche donne sa *direction;* elle s'obtient au moyen de la boussole et varie en général d'un point à un autre. Il est clair que la direction moyenne et dominante est celle qu'il importe de considérer. Les angles que font les lignes de plus grande pente avec l'horizon mesurent l'*inclinaison* des couches.

C'est dans l'observation méthodique des affleurements, des directions et des inclinaisons de couches que consiste la géologie stratigraphique, science à laquelle on doit les cartes et coupes géologiques qui nous révèlent les particularités de la topographie souterraine, et les indications si importantes qui président aux recherches de mines, au percement des tunnels et à toutes les entreprises qu'intéresse la constitution du sol.

5. Terrains quaternaires. — L'époque quaternaire, postérieure au dernier grand bouleversement géologique reconnu[1], comprend les temps modernes ou historiques et une partie des temps dits préhistoriques. Elle est caractérisée par les dépôts désignés sous le nom de *diluvium* ou *alluvions anciennes*, par les *alluvions modernes* qui se forment encore actuellement et par des déjections volcaniques.

Les principales modifications de la surface du sol imputables à cette époque consistent dans la démolition par les eaux d'une partie des terrains préexistants, et dans le transport de leurs débris en d'autres lieux. Les régions détruites ou seulement ravinées fournissent les matériaux de natures différentes qui, roulés et triturés, produisent les sables ou graviers plus ou moins grossiers et hétérogènes dont se composent les alluvions anciennes.

On donne souvent aux dépôts dont il s'agit le nom de *terrain de transport*, qui rappelle les conditions de leur formation. Ce terrain recouvre la plus grande partie des continents : il se rencontre sur les montagnes, sur les plateaux moins élevés et surtout dans les vallées; de telle sorte qu'il masque, en les recouvrant comme d'un manteau uniforme, les formations antérieures qui constituent le sous-sol.

Le territoire de Paris étant tout entier formé de terrain de transport à la surface, on a dû faire abstraction de ce terrain dans les notes géologiques qui suivent et dans la représentation graphique qui les accompagne.

DESCRIPTION DES TERRAINS AFFLEURANT A PARIS

6. — Les terrains observables à Paris appartiennent à la période tertiaire. Ils reposent sur la craie blanche, puissante assise de plus de 400 mètres d'épaisseur, qui s'étend sur une vaste étendue de pays et qui forme, à Paris, le couronnement des terrains secondaires.

7. Craie. — La craie constitue, à proximité de Paris, la base des coteaux d'Issy et de Meudon. On l'y exploite en grandes carrières pour la fabrication du blanc d'Espagne. Elle forme le sol d'une grande partie des communes de Boulogne, de Billancourt et d'Issy. Dans Paris, la craie n'affleure qu'à l'extrémité sud-ouest du Point-du-Jour et de Grenelle.

1. D'après Élie de Beaumont, ce bouleversement est contemporain du soulèvement de la principale chaîne des Alpes.

8. — Au-dessus et dans l'ordre chronologique se trouvent les terrains suivants dont la nomenclature est empruntée à la Carte de Delesse [1] :

1° Argile plastique et sables inférieurs ;

2° Calcaire grossier ;

3° Marnes blanches ;

4° Sables moyens ou de Beauchamp ;

5° Travertin de Saint-Ouen ;

6° Marnes et gypse ;

7° Glaises vertes ;

8° Meulières et travertin de la Brie ;

9° Sables supérieurs ou de Fontainebleau ;

9. — A l'intérieur de Paris, la série complète des terrains ci-dessus énumérés ne se rencontre qu'à Montmartre et à Belleville, où le sol atteint une altitude de plus de 120 mètres, soit près de 100 mètres au-dessus du niveau de la Seine. Partout ailleurs, elle est interrompue à des niveaux géologiques inférieurs, s'abaissant jusqu'à celui du calcaire grossier ou même de l'argile plastique, son premier terme. Il convient de remarquer que l'épaisseur de chaque terrain est variable d'un lieu à un autre et qu'il n'est pas possible, en conséquence, d'exprimer les relations de hauteur qu'ils ont entre eux au moyen d'une coupe générale. De là suit, que la nature du sol ne peut aucunement se déduire des cotes de nivellement.

Parmi ces terrains, il en est qui contiennent des substances utilisables et qui ont été, à cause de cela, le siège d'exploitations industrielles ; on sait qu'une partie notable du sol parisien doit à cette circonstance d'avoir été sous-minée. C'est seulement en 1813 que l'exploitation des carrières souterraines a été définitivement interdite dans Paris, et en 1860, que la même mesure a été appliquée à la zone annexée. Quant aux carrières *à ciel ouvert*, elles peuvent être et sont encore exploitées dans Paris : cette exploitation, soumise à des règles restrictives, n'offre, en effet, d'inconvénient que lorsque des contraventions sont commises par les exploitants. C'est à ciel ouvert qu'on extrait le sable et les graviers des anciennes alluvions de la Seine, dans les XIIIᵉ et XVᵉ arrondissements (plaines d'Ivry et de Grenelle) ainsi que les sables de Fontainebleau dans le XXᵉ arrondissement (Belleville).

10. ARGILE PLASTIQUE. — Au-dessus de la craie [2], se trouve la puissante forma-

___

1. Voir le plan de Paris indiquant les formations géologiques et sa légende pour l'ordre de superposition des terrains et pour les descriptions qui suivent.

2. Le dessus de la craie, en négligeant les ondulations secondaires, présente une inclinaison générale, du sud-ouest au nord-est telle qu'il se montre à la cote 30 mètres au-dessus du niveau de la mer au Point-du-Jour et à 100 mètres au-dessous du même niveau au droit des hauteurs de Belleville.

tion de l'argile plastique. Elle affleure : au Point-du-Jour ; à Auteuil ; sous la Seine, depuis le Point-du-Jour jusqu'en un lieu intermédiaire entre les ponts de l'Alma et des Invalides ; puis sous les quartiers du Gros-Caillou et de Grenelle[1]. Cette formation contient des couches de sables quartzeux dits *sables inférieurs,* de marnes crayeuses et d'argile noirâtre, colorée par les débris végétaux qui s'y trouvent à l'état de lignite et de pyrite de fer.

L'argile proprement dite, rougeâtre ou grise, est exploitée pour la fabrication des briques et des tuiles à Vaugirard, Issy, Gentilly et Ivry, près Paris. Elle s'y rencontre en couches épaisses et à une faible profondeur, l'affleurement se montrant immédiatement au-dessous du terrain de transport.

L'imperméabilité de l'argile s'opposant à ce que les eaux pluviales pénètrent plus profondément dans le sous-sol, il existe, au-dessus de la formation, une nappe d'eau qui alimente un très grand nombre de puits. Les autres puits de Paris sont généralement alimentés par les eaux d'infiltration en relation avec la Seine ; un certain nombre aboutissent à une autre nappe d'eau retenue par les glaises vertes (28, 29).

11. Calcaire grossier. — La formation du calcaire grossier est remarquable par sa puissance et surtout par l'abondance des ressources qu'elle offre en matériaux de construction. Elle a fourni la presque totalité des pierres de taille et des moellons mis en œuvre dans les édifices publics et particuliers de Paris. Elle affleure suivant une bande étroite qui suit en partie la route de Versailles et qui s'élargit au droit du quartier des Invalides. L'affleurement se montre dans la traversée du lit de la Seine, sur les flancs du coteau de Chaillot et de Passy et sous la majeure partie du Bois de Boulogne. Il apparaît également dans la vallée de la Bièvre et dans une partie de la vallée de la Seine située en amont de la Cité.

Le calcaire grossier se subdivise en trois étages, dont deux ont été principalement exploités dans Paris et dans les communes environnantes : le calcaire moyen et le calcaire supérieur[2]. Un banc faisant partie de l'étage supérieur, et désigné sous le nom de *banc vert,* sépare d'une manière bien tranchée et constante les deux divisions dont il s'agit.

L'étage moyen fournit les pierres connues sous les noms de *lambourdes* et de *vergelé ;* il est couronné par le *banc royal.*

Le banc vert se subdivise en plusieurs autres, parmi lesquels on distingue le

---

1. Le dessus de la formation est à la cote 40 mètres à Passy ainsi qu'à Vaugirard ; il est à la cote —40 mètres (40 mètres au-dessous du niveau de la mer) au droit des hauteurs de Belleville. L'argile plonge dans la même direction que la craie, mais avec une moindre inclinaison.

2. Un banc formant le couronnement de l'étage inférieur se rencontre à la base des carrières de Gentilly, de Vaugirard et de Bas-Meudon. Il est appelé tantôt le *Saint-Jacques,* tantôt le *banc à verrains* à cause de la cérithe géante qui s'y trouve en abondance.

Saint-Nom ou *liais* et le *cliquart*. Viennent ensuite les *bancs francs* et la *roche* qui termine l'étage supérieur.

12. MARNES BLANCHES. — La formation des marnes blanches ou *caillasses* débute par un banc rougeâtre dit *rochette*, quelquefois exploité. La transition entre le calcaire grossier et les marnes dont il s'agit consiste en plusieurs petits lits de caillasse coquillière, au-dessus desquels alternent des lits de calcaire compacte, d'argile, de sables calcaires et siliceux, de plaquettes de silex et de marnes fissiles.

La marne, on le sait, est un calcaire faiblement agrégé, contenant de l'argile en mélange intime, et susceptible à cause de cela de se diviser et délayer par un contact prolongé avec l'eau. Elle doit à cette propriété d'être employée dans l'agriculture, pour l'amendement des sols pauvres en calcaire, mais elle lui doit aussi d'être impropre à fournir des matériaux de construction.

Le terrain des marnes blanches ou caillasses n'a donc été le siège d'aucune exploitation dans Paris. Bien que certains géologues le considèrent comme un appendice du calcaire grossier, il faut se garder de le confondre avec celui-ci, quand on explore le sol pour constater l'existence ou l'absence d'anciennes excavations. Dans le cas dont il s'agit, il est indispensable que les travaux soient poussés jusqu'au-dessous du banc *de roche* ou du *banc vert*, que les exploitants laissaient en ciel, pour éviter les éboulements.

Les affleurements des marnes blanches présentent une surface très étendue, de forme irrégulière et dont le contour extérieur s'appuie sur la zone déjà décrite du calcaire grossier. La partie centrale de Paris et les quartiers de Vaugirard et de la Glacière sont occupés par ces affleurements.

13. SABLES MOYENS dits DE BEAUCHAMP. — La formation des sables moyens dits de Beauchamp (localité près d'Herblay, Seine-et-Oise) se compose d'épaisses couches de sable alternant avec des assises calcaires et des lits de marnes. Ces sables contiennent des rognons de grès et des bancs gréseux. Ils sont souvent argileux et impropres à la confection du mortier. Les fumistes en emploient une partie comme terre à four. Ils sont utilisés aussi dans la verrerie et dans la fabrication des briques réfractaires. Leur coloration varie entre le verdâtre, le jaune ocreux et le roux.

Les affleurements des sables de Beauchamp se développent, sur la rive droite de la vallée de la Seine, sous la forme d'une bande sinueuse, de largeur irrégulière, qui s'étend, à travers Paris, de la commune de Levallois-Perret à celle de Saint-Mandé. Sur la rive gauche, ils se montrent au sommet de la montagne de Sainte-Geneviève, dans le quartier du Luxembourg et dans les XIII. et XIV⁰ arrondissements.

14. TRAVERTIN DE SAINT-OUEN. — La formation désignée sous ce nom consiste en alternances calcaires et marneuses de faible épaisseur et d'origine lacustre.

Elle ne contient pas de matériaux propres à la construction et son épaisseur totale est d'environ 7 mètres.

L'affleurement de ce terrain forme, au nord de Paris, une bande étroite qui côtoie l'affleurement des sables de Beauchamp et s'étend de Saint-Ouen à Clichy et de Clichy à Vincennes. Au sud, quelques lambeaux du même terrain sont superposés aux sables de Beauchamp et couronnent la montagne Sainte-Geneviève, les hauteurs de Montsouris et la Butte-aux-Cailles.

15. MARNES GYPSEUSES ; GYPSE ; GLAISES VERTES. — Le gypse ou pierre à plâtre existe en abondance dans l'intérieur de Paris et aux environs ; il a été l'objet de très importantes exploitations aux flancs de la butte Montmartre et des buttes Chaumont[1]. Les excavations, aujourd'hui comblées, avaient été pratiquées dans les puissantes couches de gypse, séparées par des couches de marnes, dont l'ensemble constitue la *formation gypseuse*. Cette formation, qui occupe les régions nord et nord-est de Paris, s'étendait bien au delà des environs immédiats de cette ville. Elle a disparu de la plus grande partie des lieux qu'elle recouvrait, emportée par les causes qui ont modifié le relief du sol, mais elle se retrouve dans les collines qui ont résisté. Outre les buttes Montmartre et Chaumont déjà citées, le terrain gypseux constitue en grande partie le Mont-Valérien, les coteaux d'Argenteuil, de Saint-Cloud, de Meudon, de Châtillon, de Villejuif, de Montreuil, de Romainville et d'Avron qui entourent Paris.

Le terrain gypseux repose sur des sables parfois agglutinés en grès. Il consiste en un grand nombre de couches de marnes gypseuses, entre lesquelles sont intercalés quatre groupes de couches de gypse, à des intervalles d'épaisseur variable. Chacun de ces groupes, auquel on a donné le nom de *masse*, dans le sens de masse exploitable, est composé d'alternances de gypse et de marnes plus ou moins calcaires ou argileuses, de nuances et de caractères physiques variés.

La *quatrième masse* est peu développée et n'a pas été exploitée à Paris. En raison de cette circonstance, les trois autres ont reçu les désignations de *basse masse*, pour la troisième, de seconde et de première ou *haute masse*.

A Montmartre, la *troisième masse*, d'une puissance d'environ 10 mètres, se compose de vingt à trente couches de marnes et de gypse. La même masse n'a que 2 mètres d'épaisseur aux buttes Chaumont.

Les marnes intermédiaires entre la première et la seconde masse ont de 4 à 6 mètres d'épaisseur.

La *seconde masse*, de 5 mètres de puissance, contient des couches de gypse grenu et de gypse cristallisé, que les ouvriers distinguent en *grignards*, *pieds d'alouettes* et *fers de lance*.

---

1. Les découvertes d'ossements fossiles qui ont donné lieu aux travaux de Cuvier sur la *paléontologie* ont été faites dans les carrières de Montmartre.

La *première* ou *haute masse* a 20 mètres d'épaisseur à Montmartre, et 13 mètres aux buttes Chaumont; c'est la plus importante au point de vue des extractions dont le gypse a été l'objet.

Les couches de marnes qui surmontent la haute masse et qui couronnent la formation gypseuse sont successivement blanches, jaunâtres et verdâtres. Les premières sont employées dans la fabrication des ciments hydrauliques. Les marnes vertes, extrêmement argileuses, sont aussi nommées *glaises vertes* et servent à la fabrication de briques de médiocre qualité.

Les usages du plâtre sont nombreux. On sait le rôle important qu'il joue dans la construction des maisons; les qualités les plus pures servent au moulage; enfin de notables quantités de cette substance sont utilisées pour l'amendement des terres.

Les glaises vertes, imperméables, retiennent les eaux pluviales, et il existe à leur niveau une nappe où s'alimentent des puits. La faible profondeur à laquelle on les rencontre rend ces eaux précieuses pour les quartiers dominant ce niveau (29).

16. MEULIÈRES ET TRAVERTIN DE LA BRIE. — Cette formation n'affleure dans Paris que vers le sommet des hauteurs de Charonne et de Belleville. Elle y a une puissance variable, de 6 mètres en moyenne. Sa composition n'est pas la même dans les diverses localités; elle présente soit des bancs calcaires et des marnes, soit des couches argileuses, dans lesquelles gisent des meulières en fragments plus ou moins volumineux.

La formation dont il s'agit n'a été le siège d'aucune exploitation dans Paris. A proximité de Paris on en extrait des matériaux pour l'empierrement des routes. Dans un plus grand rayon on y rencontre de nombreuses exploitations de meulières destinées à la construction, et, à la Ferté-sous-Jouarre, le même terrain fournit des meules de moulins très estimées qui s'exportent au loin.

17. SABLES SUPÉRIEURS OU DE FONTAINEBLEAU. — Les sables de Fontainebleau couronnent toutes les hauteurs des environs de Paris et, dans Paris, celles de Belleville et de Montmartre. A la base de ces sables se trouvent des marnes plus ou moins développées contenant beaucoup d'huîtres fossiles.

Les sables de Fontainebleau sont essentiellement quartzeux et à grains très fins. Agglutinés, ils forment des blocs de grès, tels qu'en offrent la forêt de Fontainebleau et diverses autres localités. Les grès les plus durs, exploités dans la vallée de l'Yvette, notamment à Orsay, fournissent la plus grande partie des pavés de Paris. A l'intérieur de Paris, les sables de Fontainebleau existent exclusivement à l'état pulvérulent et sont exploités, à ciel ouvert, pour des usages restreints : le sablage des carrelages et le moulage dans les fonderies.

18. TERRAIN DE TRANSPORT. — C'est à la formation des sables de Fontaine-

bleau que s'arrête la série des terrains dont se compose le sous-sol de Paris. Au point de vue géologique, une lacune importante sépare cette formation du terrain de transport dont est formée la plus grande partie du sol superficiel. Ce dernier se montre sous des conditions différentes selon que l'origine en est naturelle ou artificielle. De tout temps, mais surtout depuis une trentaine d'années, les travaux exécutés en vue d'assurer la circulation toujours croissante des voitures et le transport des fardeaux ont modifié le nivellement du sol. La suppression des parties montueuses et le comblement des dépressions ont eu ou auront tôt ou tard pour conséquence des changements analogues dans l'état des terrains avoisinants[1]. En ce qui concerne le passé, toutes les fois que les travaux de viabilité ont eu pour effet d'abaisser le sol, le terrain de recouvrement naturel a été enlevé. Il en est résulté soit une simple diminution d'épaisseur de ce recouvrement, soit la mise à nu des terrains sous-jacents. Lorsqu'au contraire des dépressions ou des excavations ont été comblées avec des matériaux de toute nature provenant de fouilles faites en d'autres lieux, ou de démolitions, il y a eu création d'un nouveau sol : sol artificiel, terrain de remblai qu'il est facile, quand on le fouille, de distinguer du sol naturel.

Lorsqu'il s'agit d'édifier des constructions nouvelles, cette distinction acquiert une véritable importance. En effet, les terrains formés de remblais peu comprimés sont incapables de supporter des charges, sans éprouver des tassements auxquels ces charges participent; tandis que les sols naturels doivent à l'ancienneté et aux circonstances de leur formation d'être relativement incompressibles. On conçoit dès lors que l'établissement des fondations d'une construction doit différer selon qu'on est en présence d'un sol naturel ou d'un sol artificiel, et que des déceptions pourraient résulter d'une appréciation inexacte des conditions du terrain.

On reconnaît le terrain de remblai, malgré la diversité des caractères qu'il présente, à ce qu'il contient des substances d'origine industrielle, telles que des fragments de plâtras ou de poteries; au défaut d'homogénéité de ses éléments et à l'absence de lits de stratification.

Le terrain de transport, au contraire, est stratifié en couches sensible-

---

1. Il est bien connu qu'en un grand nombre de points où des rues ont été percées on rencontre des maisons dont les seuils ne sont plus en rapport avec le niveau de la chaussée. Les faits de ce genre sont trop nombreux pour être énumérés. Nous nous bornerons à citer, parmi les plus récents, le percement de l'avenue de l'Opéra sillonnant la butte des Moulins, et celui de l'avenue de Montsouris qui a laissé un groupe de maisons et de rues en surélévation au-dessus de cette voie publique. Comme exemples de dépressions comblées, les remblais à travers la vallée de la Bièvre, de la rue de Tolbiac et des boulevards Arago et de Port-Royal sont de récente mémoire. On se souvient encore du comblement de l'ancienne pépinière du Luxembourg, mais bientôt il sera oublié comme le sont actuellement quantité de changements de même nature, parmi lesquels nous noterons les excavations des nombreuses carrières à ciel ouvert, exploitées dans tous les temps et successivement remblayées.

ment horizontales et parallèles et de composition uniforme. Les alluvions qui le constituent sont formées d'éléments meubles, de fragments roulés de roches diverses mêlés à des sables et à des marnes. On y rencontre parfois des blocs plus ou moins volumineux à angles vifs ou émoussés amenés par des courants ou par des glaciers et connus sous le nom de *blocs erratiques*[1].

Le terrain de transport a une puissance de 10 mètres environ, dans le voisinage de la Seine, à Grenelle, et de 15 mètres vers la gare d'Orléans; il est exploité en ces lieux pour les sables, les graviers et les cailloux qu'il fournit. Son épaisseur est considérable dans la partie de Paris qui forme le fond de la vallée de la Seine; elle diminue dans les quartiers dont le niveau s'élève graduellement en s'écartant des deux rives; cependant, en certains points de ces quartiers, le terrain de transport existe avec une puissance notable, là où les dépressions du sol favorisaient un dépôt plus abondant.

19. PLAN DE PARIS INDIQUANT LES FORMATIONS GÉOLOGIQUES. — On a pu voir, par les notes qui précèdent, en quoi consistent les terrains qui constituent le sol et le sous-sol de Paris, et se rendre compte, dans une mesure suffisante pour l'objet qu'on se propose ici, de leur nature, des matériaux utiles qu'ils récèlent, et de l'ordre chronologique selon lequel ils se sont déposés. Mais pour être décrites avec clarté, et surtout pour pouvoir être saisies dans leur ensemble et dans leurs détails, les dispositions locales de ces terrains exigeaient l'emploi des représentations graphiques. C'est à cette condition que satisfont les plans de Paris qui forment la partie importante du présent ouvrage. L'un de ces plans montre, à l'aide de teintes et de signes conventionnels très simples et dont la *légende* donne la clef, comment sont distribuées les formations géologiques précédemment étudiées. Leurs limites, leur étendue, leurs rapports entre elles et avec les localités se voient dans ce plan spécial, où l'on a supposé non existant le terrain de transport, à peu près comme se voient dans une planche d'anatomie les muscles d'un sujet dont la peau a été supprimée.

Toutefois, au lieu d'employer des notations figurées pour représenter les relations de hauteur qui existent entre les terrains superposés, lesquelles varient d'un lieu à l'autre, on a eu recours à des tableaux numériques. Ce procédé a permis de donner un très grand nombre de coupes locales qui peuvent elles-mêmes, par induction, fournir des renseignements approximatifs pour les localités avoisinantes.

Les points du sol au droit desquels une coupe a été relevée sont indiqués sur

1. Les fouilles faites dans le Champ-de-Mars, en 1867, pour la fondation du palais de l'Exposition universelle, ont mis à jour plusieurs *blocs erratiques* très volumineux. Il est à remarquer aussi que le quartier voisin, dit du Gros-Caillou, paraît devoir son nom à quelque bloc de ce genre dont il ne reste ni trace ni souvenir précis.

le plan par le centre d'un petit cercle en couleur. Un quadrillage à double entrée, analogue à une table de Pythagore par son mode d'emploi, sert à repérer ces points, au moyen de lettres désignant les rangées horizontales et de numéros d'ordre désignant les colonnes verticales où ils sont situés. Les repères d'un point étant donnés, on trouve la coupe du sol, telle qu'elle résulte des connaissances acquises, en se reportant à la liste annexée au plan, et dans laquelle toutes les coupes sont inscrites d'une manière méthodique, par séries ordonnées suivant les lettres et les numéros. Chaque formation y est indiquée d'une façon abrégée par la lettre initiale de son nom, ou par toute autre lettre mentionnée dans la légende, et par une cote de nivellement rapportée au niveau de la mer.

La première cote de chaque coupe correspond à la surface du sol, c'est-à-dire au-dessus du terrain de transport; elle n'est accompagnée d'aucune lettre indicatrice. Les cotes suivantes correspondent à la fois au-dessus du terrain désigné par la lettre indicatrice placée en regard, et au-dessous du terrain superposé. Celui-ci n'est pas nécessairement le terrain figuré dans la légende comme succédant immédiatement au précédent : il en est ainsi pour la plupart des points repérés, mais il y a parfois des lacunes. Pour les points du sous-sol dont le niveau est inférieur à celui de la mer, la cote est précédée du signe *moins* [—]. On obtient l'épaisseur des terrains compris entre des cotes consécutives ou non consécutives au moyen de simples soustractions.

CHAPITRE II

GÉNÉRALITÉS

20. — Pour que l'existence d'une masse minérale utile puisse donner lieu à une exploitation industrielle, il faut, entre autres conditions, que les circonstances du gisement de cette masse n'élèvent pas trop haut le prix de revient des produits. La présence de l'eau, en augmentant les difficultés de l'exploitation, exerce donc une influence restrictive sur son développement. On voit par là comment le régime des eaux souterraines intervient dans l'examen des questions que soulève l'industrie des carrières. La connaissance de ce régime intéresse, d'autre part, les architectes et les propriétaires, auxquels elle permet de déterminer, à l'avance, les rapports qu'auront les parties inférieures des constructions avec les eaux du sol, et les conditions qui présideront à l'exécution des ouvrages en fondation. Elle présente enfin un intérêt majeur, lorsque l'eau elle-même doit être utilisée, soit pour des besoins domestiques, soit pour des usages industriels.

21. NAPPES AQUIFÈRES. — Une partie des eaux que la terre reçoit de l'atmosphère s'évapore et retourne dans l'air, une autre partie séjourne ou s'écoule à la surface du sol ; le reste alimente les réservoirs souterrains. Ces dernières s'infiltrent dans le sol perméable, l'imbibent, puis, à mesure qu'elles deviennent plus abondantes, elles atteignent des couches plus basses, jusqu'à ce qu'enfin elles rencontrent dans une couche imperméable un obstacle qu'elles ne puissent franchir. C'est ainsi que l'accumulation de l'eau au-dessus d'une couche imperméable souterraine donne lieu à la formation d'une sorte de nappe spongieuse, composée des éléments du terrain et de l'eau qui les sature. Fait à noter : toute fouille pratiquée, toute cavité existant dans cette nappe s'emplit d'eau, et cette eau se renouvelle si on l'épuise; c'est ainsi que fonctionnent les *puits ordinaires*.

22.—Selon la forme qu'affecte la surface imperméable souterraine, soit qu'elle reproduise les dispositions concaves dites en cuvette ou en fond de bateau, soit au contraire les dispositions convexes inverses, la nappe aquifère a plus ou moins d'épaisseur et les puits qui y débouchent, sont plus ou moins abondamment pourvus d'eau.

En se reportant à la figure ci-dessous, où sont représentées des couches perméables et aquifères supportées par une couche imperméable, on voit : 1° que le puits 1 est moins bien pourvu d'eau que le puits 2; que le puits 3, qui rencontre la couche imperméable en un point où elle forme comme une émi-

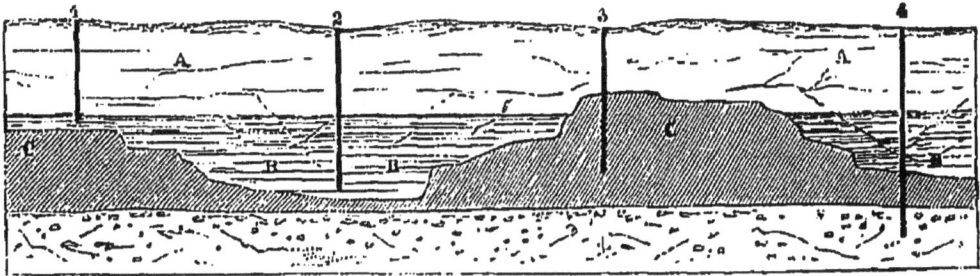

AA. Terrain perméable. — BB. Couche aquifère. — CC. Couche imperméable.

nence au-dessus de la nappe aquifère, ne peut donner de l'eau, bien qu'il soit entouré de puits qui en fournissent sans avoir plus de profondeur.

On voit également que l'approfondissement du puits 4 peut avoir pour conséquence de faire disparaître l'eau qu'il contiendrait sous une moindre profondeur. Ce dernier fait se produit quand la fouille *traverse* le terrain imperméable qui porte la nappe aquifère. Au lieu de s'accumuler au fond d'un puits foncé dans ces conditions, l'eau s'en écoule et se perd dans les terrains perméables inférieurs; le puits est alors *absorbant*. Les puits absorbants sont utilisés pour se débarrasser des eaux gênantes à la surface du sol, par suite de défaut d'écoulement ou pour d'autres motifs.

Les conditions qui donnent lieu aux puits *artésiens* ou *ascendants*, dans lesquels l'eau remonte de la profondeur vers la surface, consistent dans l'interposition d'un terrain perméable entre des couches imperméables, continues et affectant la forme en cuvette, comme l'indique la figure ci-après.

Si le système dont il s'agit a une grande étendue, les affleurements recueillent une notable quantité d'eau pluviale; l'eau interceptée entre les couches imperméables prend un niveau supérieur à celui du centre de la cuvette et s'élève dans les puits qui perforent la première couche imperméable [1].

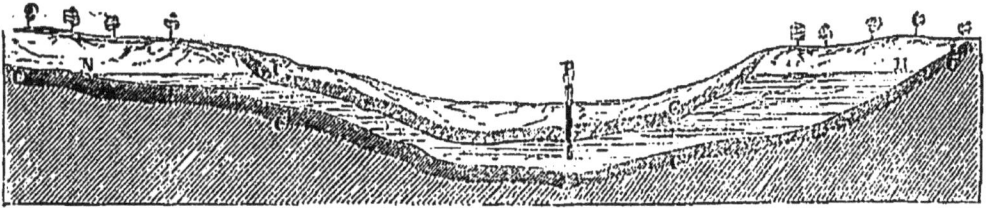

CC. Couches imperméables. — NN. Niveau de l'eau interceptée. — P. Puits artésien.

La forme de la surface sur laquelle les eaux pluviales sont arrêtées dans leur descente à l'intérieur du sol détermine les conditions d'existence de l'eau, comme le ferait cette forme à la surface du sol supposée imperméable elle-même. Dans ce dernier cas, par exemple, aux dépressions ou concavités correspondent des amas d'eau ou des mares d'autant plus profondes que la dépression est plus accentuée ; quant aux parties en relief, elles émergent ou sont recouvertes d'une épaisseur d'eau d'autant plus faible que leur relief est plus marqué. Les choses se passent d'une manière analogue dans le sol perméable; seulement, au lieu d'être exclusivement remplies d'eau, les cavités contiennent en outre les matières minérales qui composent la couche aquifère, et c'est dans les interstices de ces dernières que consiste la capacité du réservoir souterrain.

23. — En tenant compte des principes très simples qui viennent d'être rappelés, il est aisé de concevoir qu'il y ait souterrainement des eaux stagnantes et des eaux qui s'écoulent suivant l'inclinaison des couches imperméables. Si l'on remarque, d'autre part, que l'horizontalité parfaite des couches est un fait exceptionnel, on en conclut que le niveau de l'eau dans les nappes aquifères n'est pas généralement horizontal, mais incliné dans le sens de l'écoulement, ou, ce qui revient au même, dans le même sens que la couche imperméable servant de support à la nappe aquifère. En conséquence, dans une série de puits distribués selon la *direction* de cette couche, l'eau se rencontrera à une même altitude ou cote de hauteur, tandis que plusieurs puits alignés perpendiculairement à cette direction, c'est-à-dire, suivant l'*inclinaison*, contiendront de l'eau à des niveaux différents, ainsi que le confirme l'expérience.

24. — Comme toutes les couches géologiques les nappes aquifères peuvent affleurer, soit à flanc de coteau, soit au fond d'une vallée. Alors l'eau apparaît

1. Paris possède un certain nombre de puits artésiens parmi lesquels nous citerons ceux de Grenelle et de Passy servant à l'alimentation publique. Deux ou trois puits en cours d'exécution à la Chapelle et à la Butte-aux-Cailles apporteront aussi leur contingent à la consommation toujours croissante de l'eau à Paris.

au jour et donne naissance aux *sources* et aux nappes d'eau superficielles. Selon la disposition et la nature des terrains sur lesquels les sources se répandent, elles constituent des *cours d'eau*, des *étangs* ou des *lacs*; ou même des *marais*, si le défaut de perméabilité du sol oblige l'eau à séjourner à la surface, sous une très faible épaisseur.

RÉGIME DES EAUX SOUTERRAINES DANS PARIS

25. — Les nappes d'eau superficielles existant dans Paris sont : la Seine et la Bièvre. Le lit des cours d'eau étant ordinairement perméable jusqu'à une certaine distance du fond et des rives, on voit que le système des *nappes d'eau superficielles* consiste, en général, en une nappe d'eau visible coulant librement au milieu d'une nappe aquifère proprement dite, souterraine et invisible.

26. NAPPES D'INFILTRATION. — Delesse, à qui l'on doit la carte hydrologique du département de la Seine, a désigné cette dernière sous le nom de *nappe d'infiltration*. Ce savant a fait observer que « les nappes d'infiltration sont en relation avec la puissance des cours d'eau, avec la perméabilité des terrains dans lesquels ils coulent, et qu'elles n'ont d'autres limites que ces terrains eux-mêmes. »

En ce qui concerne la Bièvre (à l'intérieur de Paris), elle coule en grande partie dans une cuvette en maçonnerie ou dans des terrains peu perméables, la nappe d'infiltration ne s'y écarte presque pas de ses rives.

Quant aux canaux de l'Ourcq et de Saint-Martin, ouvrages de l'art, ils ne peuvent présenter que des infiltrations accidentelles, aussitôt combattues que constatées. Le niveau de l'eau y est en effet sensiblement le même que celui des berges et des voies publiques qui les bordent (en grande partie du moins), et des infiltrations permanentes s'opposeraient à ce qu'on pût établir des caves dans les maisons avoisinantes.

27. NAPPE D'INFILTRATION DE LA SEINE. — La Seine comporte une nappe d'infiltration qui s'étend assez exactement, du nord au sud, jusqu'aux limites qu'avait Paris avant 1860. Cette nappe occupe aussi les quartiers de Bercy et de la Gare, du Point-du-Jour et de Grenelle, qui bordent la Seine en amont et en aval de Paris. Elle s'étend également dans les quartiers annexés intermédiaires entre Passy et la butte Montmartre : les Ternes et Batignolles. (*Voir le plan spécial.*)

Le niveau de l'eau des puits creusés dans les régions qui viennent d'être désignées, alors que celui de la Seine se trouvait à 26^m,25 au-dessus du niveau moyen de la mer (cote correspondant au zéro de l'échelle du pont de la Tournelle), variait entre cette même cote 26^m,25 pour les régions limitrophes de la Seine, et la cote 33^m qu'atteint la nappe d'infiltration vers sa limite nord, ou la cote 30^m vers la limite sud[1]. On voit par ces cotes que la nappe d'infiltration n'est pas alimentée par le fleuve, contrairement à une opinion assez répandue, mais par les eaux pluviales qu'elle reçoit directement, et par les nappes de niveau plus élevé, en relation avec les hauteurs qui encaissent la vallée, au nord et au sud de Paris : de Montmartre à Charonne ; de Vaugirard à la Maison-Blanche. Il est clair, cela résulte des cotes qui viennent d'être citées, que l'écoulement des eaux a lieu des hauteurs vers le thalweg ou la partie la plus basse de la vallée occupée par la Seine elle-même. Cependant, quand le fleuve est grossi par suite de la fonte des neiges ou de pluies très abondantes tombées en amont de Paris, les conditions précédentes sont momentanément changées ; le niveau des eaux s'élève dans la nappe d'infiltration de telle sorte qu'elles pénètrent dans les caves des quartiers bas et dans les vides de certaines carrières souterraines. Il est à peine nécessaire de faire observer que l'influence des crues de la Seine ne peut s'étendre souterrainement au-dessus de leur propre niveau, et qu'elle n'a lieu à distance qu'autant que l'inondation a duré assez longtemps pour permettre une complète imbibition du sol interposé.

28. Nappe de l'argile plastique. — Dans la région sud de Paris, de Vaugirard à la Maison-Blanche, l'argile plastique en arrêtant les eaux pluviales donne lieu à une nappe aquifère nettement caractérisée, dont le niveau s'élève graduellement de la cote 32 mètres à la cote 44 mètres, en allant du nord au sud, du cimetière Montparnasse à la porte d'Orléans. Entre les mêmes localités le niveau du sol varie de 55 à 67 mètres ; il est en conséquence supérieur d'environ 23 mètres à celui de la nappe de l'argile plastique. Cette nappe s'étend aussi sous le territoire de Passy et d'Auteuil dont l'altitude maximum atteint 70 mètres. Dans ces localités, l'argile plastique affleure et passe par degrés de la cote 32 mètres à la cote 44 mètres ; son inclinaison est dirigée vers la Seine.

29. Nappes diverses. Nappe des glaises vertes. — Diverses nappes aquifères se rencontrent au nord de Paris dans les quartiers annexés compris entre Montmartre et Charonne. Elles gisent à différents niveaux géologiques, principalement dans les marnes du gypse et dans le travertin de Saint-Ouen.

---

1. Le niveau du sol des rues de Paris avoisinant la Seine est à environ 32 mètres ; il s'élève jusqu'à 60 mètres vers les limites nord et sud de la nappe d'infiltration.

Elles ne sont pas continues et leur irrégularité d'allure ne permet pas d'en donner un aperçu général.

Quant à la nappe des glaises vertes, elle est régulière et continue, et se trouve à la cote 100 mètres à Montmartre. Sur les coteaux de Belleville elle occupe une plus grande étendue et participe à l'inclinaison du terrain ; l'eau s'y rencontre depuis la cote 92 mètres jusqu'à la cote 116 mètres, à quelques mètres seulement au-dessous de la surface du sol.

30. PLAN DE PARIS INDIQUANT LES NAPPES AQUIFÈRES. — Les rapports existant entre les diverses localités parisiennes et les couches aquifères ont été précisés au moyen du plan spécial sur lequel sont tracés les contours des nappes et 200 points correspondant à des points identiques indiqués sur un autre plan, qui, lui-même, représente le relief général du sol. Ces deux plans, comme celui des formations géologiques dont il a été question à la fin du chapitre précédent (19), sont divisés en très petits compartiments au moyen d'un quadrillage à double entrée[1].

Des tableaux numériques, en marge, font connaître ou le niveau de l'eau ou le niveau du sol au droit des points repérés. A cet effet les points sont désignés au moyen de la lettre et du chiffre inscrits en tête de la rangée et de la colonne auxquelles appartient le compartiment dont ils font partie.

Les cotes inscrites en regard de ces repères indiquent des hauteurs au-dessus de la mer ; en retranchant la plus petite de la plus grande, on trouve aisément à quelle profondeur l'eau se rencontre au-dessous du sol.

1. Les trois plans de Paris ci-dessus mentionnés comportent les mêmes repères et les mêmes points repérés ; on peut, grâce à cette concordance, effectuer facilement le passage de l'un à l'autre.

CHAPITRE III

GÉNÉRALITÉS.

31. — Les matières utilisables contenues dans les terrains décrits précédemment sont, en suivant l'ordre de superposition : la craie, l'argile plastique, les divers bancs du calcaire grossier, le gypse ou pierre à plâtre, certaines marnes gypseuses, les glaises vertes, les sables de Fontainebleau, enfin les sables et graviers du terrain de transport.

Les procédés employés pour l'extraction de ces matières varient naturellement avec l'état physique de chacunes d'elles, les conditions de son gisement et la nature des produits qu'elle sert à fabriquer. Le calcaire grossier, par exemple, ne s'exploite pas de la même façon lorsqu'on en tire des blocs de grandes dimensions ou simplement des moellons. Parmi ces procédés, il convient de distinguer ceux qui découlent immédiatement des circonstances locales et des moyens d'accéder à la masse minérale, de ceux qui se rapportent à l'abatage ou à l'enlèvement de cette masse.

32. — Les conditions du gisement décident entre les deux modes d'exploitation suivants : 1° *à ciel ouvert ;* 2° *par travaux souterrains.* Dans le dernier cas les moyens d'accès pouvant consister en puits creusés verticalement jusqu'à la profondeur du gîte, ou en galeries débouchant dans un escarpement, les carrières souterraines se divisent en carrières *par puits* et par *cavages à bouches.*

33. EXPLOITATION PAR PILIERS TOURNÉS. — Dans l'exploitation souterraine d'une masse solide, telle que la craie ou le calcaire grossier, on peut se proposer d'enlever toute la masse utile ou seulement une partie de cette masse, l'autre partie étant laissée en place pour supporter le ciel de la carrière et les terres de recouvrement. Dans la seconde hypothèse, des galeries espacées laissant entre elles des murs continus et très épais ne permettent d'enlever qu'une partie de la matière utile; mais pour diminuer la perte de masse, on pratique dans ces murs des recoupes transversales, qui forment, lorsqu'elles sont dans un même alignement, de nouvelles galeries perpendiculaires aux premières. Ainsi découpés, les murs se réduisent à des piliers à base à peu près carrée et tranchés sur quatre faces verticales.

Cette dernière méthode d'exploitation est dite *à piliers tournés*.

Si les bancs formant le ciel de la carrière sont solides et en bon état, et si la largeur des galeries n'est pas exagérée, les vides laissés par l'exploitation peuvent se conserver indéfiniment. Dans ce cas, la méthode par piliers tournés n'a d'autre inconvénient que l'abandon d'une partie de la masse, plus ou moins compensé par l'économie de la dépense qu'occasionneraient des travaux confortatifs, travaux qui sont indispensables quand cette masse est complètement enlevée.

Les inconvénients sont plus sérieux lorsque les ciels sont en mauvais état ou les piliers insuffisants. Comme les uns et les autres tendent à se dégrader toujours plus, la ruine de la carrière n'est qu'une question de temps. L'effondrement du ciel, accompagné ou suivi ~~de celui~~ de celui des terres de recouvrement entraîne le bouleversement du sol et la formation, à la surface, d'excavations en rapport avec l'importance des vides effondrés.

34. FONTIS. — C'est aux accidents de ce genre qu'est donné le nom de *fontis*. Quand les terres de recouvrement ne sont pas très meubles, comme les marnes et caillasses qui surmontent le calcaire grossier et les marnes du gypse, il faut parfois un temps très long pour que la chute d'une partie de ciel soit suivie d'un effondrement. Ordinairement une simple excavation en forme de *cloche* se montre d'abord au-dessus des ciels tombés. Cette cloche se creuse de plus en plus par suite de l'égrènement de ses parois, jusqu'à ce que son sommet approche assez de la surface du sol pour que la cohésion des terres ne suffise plus à les tenir suspendues au-dessus du vide. En même temps que la cavité de la cloche s'élève et s'agrandit, un amas conique de matériaux désagrégés se forme au-dessous d'elle. Le talus que prennent les terres empêche qu'elles n'emplissent le vide de la cloche, malgré l'augmentation de volume dû à leur foisonnement.

Le vide dont il s'agit est beaucoup plus considérable, et les conséquences de son effondrement sont très aggravées, lorsque des infiltrations d'eau, pénétrant à l'intérieur, ont préalablement entraîné les terres de l'excavation.

35. EXPLOITATION PAR HAGUES ET BOURRAGES. — Une autre méthode d'exploitation est très souvent employée dans les carrières de pierre à bâtir; elle permet d'enlever la totalité des bancs. A cet effet, les déchets de l'exploitation, consistant dans les lits inutilisables et dans les recoupes des blocs, sont rassemblés

en arrière des ouvriers, à une faible distance du front de taille; ils servent à former des remblais qui s'élèvent jusqu'au ciel des chantiers et le supportent. Comme la quantité de déchets est insuffisante pour qu'on puisse remblayer toute la carrière, on laisse des espaces vides à l'intérieur des remblais où, d'ailleurs, des galeries de circulation doivent en tout cas être conservées.

Les parois de ces galeries sont le plus souvent formées de murailles en pierres sèches appelées *hagues*, lesquelles s'élèvent jusqu'au toit qu'elles contribuent à supporter, en même temps qu'elles soutiennent les terres de remblais. De nombreux piliers, dits *piliers à bras*, formés de très gros moellons superposés, sont disséminés dans les hagues et dans les remblais, qu'on nomme aussi *bourrages*.

La méthode dont il s'agit tire de là son nom d'exploitation *par hagues et bourrages*.

Les conséquences pour la stabilité du sol d'une exploitation où cette méthode a été employée se réduisent, pour ainsi dire, à un tassement d'ensemble des terres de recouvrement, sous le poids desquelles les remblais et autres supports se compriment davantage à mesure que s'étend l'espace sous-miné. Les fontis, qui peuvent se produire au-dessus des espaces laissés vides au milieu des remblais, là où le ciel est très fissuré, n'ont qu'un développement restreint et, généralement, à cause du foisonnement, les terres qui se détachent des parois de la cloche suffisent à en combler le vide, avant qu'ils atteignent des proportions dangereuses.

36. — Il y a lieu de remarquer qu'un fontis survenant dans les carrières entièrement dépilées et remblayées est un accident isolé qui n'entraîne pas la ruine des vides situés à proximité, tandis que l'affaissement d'un pilier, dans une carrière à piliers tournés, est très souvent accompagné ou suivi de l'écrasement des piliers voisins et de l'effondrement du sol sous-miné correspondant.

En résumé, dans l'exploitation par hagues et bourrages, les éboulements sont locaux et très circonscrits, tandis qu'ils tendent à se propager au delà du point où ils ont pris naissance dans l'exploitation par piliers tournés.

PROCÉDÉS D'ABATAGE

37. GRADINS DROITS. — Quand la puissance de la masse à exploiter est considérable, il est d'usage de l'attaquer par tranches horizontales de moindre épaisseur. Chacune de ces tranches occupe un ou plusieurs ouvriers, et comme elles ne pourraient être exploitées simultanément si la masse s'y présentait de front dans un même plan vertical, il est d'usage de n'attaquer une tranche

inférieure que lorsque la tranche située immédiatement au-dessus a été enlevée sur une certaine étendue dans le sens de l'avancement. La succession des diverses tranches de masse en cours d'exploitation se présente alors comme celle de quelques marches d'un gigantesque escalier. Cette façon d'extraire constitue la méthode par *gradins droits*.

Les gradins sont appelés *banquettes* dans les travaux de terrassements et dans ceux des carrières à ciel ouvert.

Les quelques notions qui précèdent permettent d'exposer rapidement en quoi consistent les procédés d'extraction particuliers aux diverses substances exploitées à proximité de Paris.

38. CRAYÈRES. — La craie n'a été l'objet d'aucune exploitation dans Paris, bien qu'elle y affleure ainsi qu'on l'a vu (7) dans un précédent chapitre; mais, au village des Moulineaux, commune d'Issy, qui confine à Paris, plusieurs carrières de craie par cavages à bouches sont en activité. La majeure partie de la craie extraite, broyée, lavée et moulée en pains est livrée au commerce sous le nom de *blanc d'Espagne*. Le reste, mélangé à de l'argile plastique qu'on trouve sur les lieux, est cuit dans des fours et donne de la chaux hydraulique.

Il existe dans les carrières d'Issy deux étages de travaux séparés par une sorte de plancher de craie de 6 mètres d'épaisseur. L'exploitation se fait par piliers tournés; les piliers à base carrée ont 4 mètres de côté, les galeries 4 mètres de largeur. Celles de l'étage supérieur ont 6 mètres de hauteur; les autres 4 mètres. Elles sont disposées de manière à assurer l'exacte superposition des piliers dans les deux étages.

La craie, très friable, est enlevée au pic, en fragments de faibles dimensions, par gradins droits.

39. GLAISIÈRES. — L'argile plastique, mélangée en diverses proportions avec du sable et soumise à la cuisson, fournit des poteries et divers produits employés dans la construction des bâtiments. Son exploitation ne s'est pas développée dans Paris même, mais elle a pris un notable essor dans le voisinage du quartier de Vaugirard (communes de Vanves et d'Issy) et dans la commune d'Ivry.

Quand l'extraction a lieu à ciel ouvert, elle est précédée d'un travail préalable de découverte. Le terrain de recouvrement est enlevé par banquettes successives, de manière à mettre à nu le dessus de la couche d'argile, qui s'exploite également par banquettes ou gradins droits, en raison de sa grande épaisseur.

L'extraction de l'argile se fait aussi par puits. Ils sont de faible diamètre, d'une profondeur variable atteignant jusqu'à 35 mètres, consolidés par un revêtement en planches et des cercles en fer quand le terrain est ébouleux, ce qui est le cas ordinaire.

Au niveau où le puits rencontre la nappe aquifère, les parois du puits sont rendues étanches au moyen d'un cuvelage.

A partir du puits et dans la couche à exploiter, sont pratiquées, dans deux directions opposées, deux galeries ayant une hauteur égale à celle de la couche et 1^m,50 de largeur. A droite et à gauche de ces galeries et à des intervalles d'environ 10 mètres, des galeries transversales, recoupées elles-mêmes de distance en distance par des galeries analogues, permettent d'enlever une certaine quantité de la masse argileuse, laquelle, amenée au bas du puits, est ensuite montée au jour au moyen d'un treuil à manivelle.

L'abatage, ou plus exactement le découpage de l'argile en pains prismatiques pesant de 15 à 20 kil., se fait au moyen de truelles tranchantes constamment maintenues mouillées.

En raison du peu de consistance de l'argile, il est indispensable de soutenir et de contenir les ciels et les parois des galeries au moyen de cadres de boisages très rapprochés les uns des autres et du front de taille. Il arrive malgré cela que la glaise se mettant en mouvement, les eaux supérieures pénètrent dans la glaisière et forcent à l'abandonner prématurément. Quoi qu'il en soit de cette éventualité, le défaut d'aérage des galeries ne permet pas l'extension des travaux au delà d'un rayon maximum de 50 mètres autour du puits, et, au bout d'un temps variable, limité à quelques mois, le champ de l'exploitation doit être déplacé et transporté un peu plus loin. Comme on enlève ce qu'on peut du boisage des galeries et du cuvelage du puits, des éboulements suivent de près l'abandon des chantiers, l'eau pénètre dans les vides et les noie, l'argile se délaie avec le temps, et, sous la pression des terres de recouvrement, elle s'extravase dans les galeries et les bouche.

Les mouvements du sol qu'entraîne la ruine des galeries de glaisières sont en général assez peu importants, les vides de l'exploitation ayant un volume relativement médiocre; mais ils se font sentir à d'assez grandes distances et suffisent à occasionner des crevasses à la surface du sol et des lézardes dans les constructions

40. CARRIÈRES DE PIERRES A BATIR. — Les matériaux que fournissent les différents bancs du calcaire grossier, la pierre de taille ou le moellon, s'obtiennent, dans les carrières à ciel ouvert, par la méthode des gradins droits, après l'enlèvement des terres de recouvrement. Aux environs de Paris, à Gentilly et à Arcueil notamment, dans la vallée de la Bièvre, il existe de grandes et profondes excavations au fond desquelles on accède par des chemins en plan incliné. A l'intérieur de Paris, le même mode d'exploitation a été pratiqué dans les quartiers qui bordent également cette vallée [1].

---

1. Dans le XIVe arrondissement il existe un emplacement, aujourd'hui remblayé, longtemps connu sous le nom de *Fosse aux lions*, où le calcaire grossier était exploité à ciel ouvert sur une vaste échelle. Cet emplacement s'étendait entre les rues Dareau et de la Santé, et en bordure du boulevard Saint-Jacques.

Il arrive fréquemment, dans les carrières de pierre à bâtir à ciel ouvert, que l'exploitation est poussée au delà des limites de la découverte et qu'elle se continue souterrainement au moyen de cavages à bouche. Ce sont les bancs les plus estimés qui donnent lieu à ces travaux, et comme ils sont souvent séparés par des couches sans valeur suffisante, il n'est pas rare que les extractions souterraines consistent en plusieurs étages de travaux superposés.

41. ABATAGE DU CALCAIRE GROSSIER. — Pour extraire la pierre avec le minimum de travail, on profite des *lits* ou plans de séparation horizontaux qui existent naturellement entre les divers bancs ; l'épaisseur des bancs détermine ainsi celle des blocs qui peuvent être obtenus. On pratique, à cet effet, au-dessous des bancs et dans la matière tendre dont le lit est formé, une entaille horizontale, profonde d'environ 2 mètres et d'une longueur déterminée, soit par la largeur du chantier (exploitation par piliers tournés), soit par celle du bloc à extraire, soit enfin aussi grande que possible, une vingtaine de mètres et plus, dans les exploitations par hagues et bourrages. Cette entaille commencée au *pic*, achevée au moyen d'une *rivelaine*, sorte de pic à long manche, se nomme *souchet* ou *sous-cave*. L'opération se nomme *souchevage*, *hâvage*, *cavage*, selon les localités. Pendant qu'on creuse le souchet, la masse est soutenue soit au moyen de petits piliers réservés, soit avec des tasseaux de pierre ou des pièces de bois. Le poids du bloc souchevé, lorsqu'il est d'une grande longueur, suffit à le détacher du reste de la masse, au moment où les appuis dont il vient d'être question sont supprimés. Une ou deux entailles verticales, appelées *tranches*, sont nécessaires quand le bloc a des dimensions médiocres.

L'emploi de leviers et de coins enfoncés à coups de masse dans la partie postérieure du bloc est quelquefois nécessaire aussi pour déterminer sa chute quand la pierre est assez dure.

Le souchet est ordinairement pratiqué au niveau inférieur de la galerie ou du gradin où se fait l'abatage, Quand, par suite de circonstances particulières, il a été creusé à une certaine hauteur au-dessus du sol, on obtient les bancs inférieurs, appelés alors *bancs de fond*, en les soulevant à l'aide de leviers, après les avoir découpés par des entailles verticales de toute la hauteur des bancs.

L'extraction de la pierre à bâtir dans les carrières à ciel ouvert ou souterraines n'offre de différences notables que dans le mode de sortie des produits. Ceux-ci sont chargés sur des charrettes ou fardiers qui accèdent aux chantiers d'abatage par des chemins dans les exploitations à ciel ouvert et dans celles souterraines par cavages. Dans les exploitations par puits, ils doivent être d'abord amenés, au moyen de rouleaux, de leviers et de crics, à proximité du fond du puits d'extraction. Ils sont alors amarrés au câble d'un treuil manœuvré au moyen d'une roue à chevilles ou d'une machine à vapeur, puis déposés sur une plate-forme haute de 2 mètres environ au-dessus du sol et près de laquelle viennent se ranger les voitures qui doivent les emporter.

42. Platrières. —Les xviii°, xix° et xx° arrondissements de Paris, où se rencontre exclusivement la formation gypseuse, ont été pendant longtemps le siège de nombreuses exploitations de pierre à plâtre. Là où la masse affleurait au-dessous du terrain de transport, à quelque niveau qu'elle appartînt, elle a donné lieu à des exploitations à ciel ouvert. Ces exploitations, disséminées, n'ont pas atteint un développement important, comparable à celui qu'ont pris celles pratiquées dans les cavages à bouches de la butte Montmartre et des buttes Chaumont. Dans ces dernières localités l'exploitation a eu lieu par piliers tournés, comme elle se pratique encore aujourd'hui à Pantin et à Montreuil.

Les galeries avaient environ 6 mètres de largeur et une hauteur variable avec la puissance de la masse, mais toujours considérable (de 10 à 15 mètres en haute masse). La base des piliers réservés occupait environ le quart de la superficie du champ d'exploitation et une plus grande fraction de la même étendue près du ciel par suite de la forme ogivale donnée à la partie supérieure des galeries.

43. — Dans les plâtrières actuellement en activité à l'est de Paris, on effectue le percement des galeries dans la haute masse en souchevant dans un lit de marne, à 2 mètres environ en contre-bas des bancs destinés à former le ciel. La pierre à plâtre, étant tenace quoique tendre, et se tranchant difficilement avec le pic, les bancs intermédiaires sont abattus à coups de mine. Le ciel obtenu dans ces conditions est fendillé, mais on le soutient, s'il en est besoin, au moyen de poutres horizontales encastrées de chaque bout dans la masse et reliées entre elles par des pièces de bois transversales, si c'est nécessaire. Les bancs situés au-dessous du souchet sont ensuite enlevés à coups de mine et par gradins droits. Les blocs abattus sont débités et portés dans des fours; le plâtre cuit est ensuite broyé et livré en sacs au commerce.

L'emploi de la poudre, nécessité par la difficulté d'attaquer la roche au pic, a l'inconvénient d'ébranler et de fissurer les parties de masse laissées pour former piliers ou parois de galeries. On prévient les éboulements en consolidant les piliers avec des boisages, comme on le fait des ciels; mais les dépenses de l'extraction s'accroissent en conséquence.

L'exploitation du plâtre de deuxième masse a généralement lieu par cavages et par piliers tournés. Les galeries ont 4 mètres de hauteur et 3^m,50 à 4 mètres de largeur.

La troisième masse a été exploitée par puits de 8 à 10 mètres de profondeur.

L'abatage se fait à la poudre dans les deux étages dont il vient d'être question comme dans les carrières de haute masse.

44. — Les anciennes carrières souterraines de pierre à plâtre donnent lieu à des fontis dont la gravité est proportionnelle à la hauteur des vides abandonnés; cette hauteur est considérable dans les exploitations de haute masse.

45. — Les carrières à ciel ouvert, situées à flanc de coteau, sont la source de sérieux inconvénients pour le voisinage, quand les glaises vertes comptent parmi les couches du terrain de recouvrement. Ces glaises tendent à s'écouler quand elles ont été détrempées par les eaux pluviales qui s'y arrêtent naturellement. Lors donc qu'elles ont été tranchées, comme cela a lieu dans le travail de découverte qui précède l'ouverture d'une carrière à ciel ouvert, il est inévitable qu'elles se mettent en mouvement sous la pression du sol, et qu'elles entraînent avec elles, et le sol et les constructions qu'il supporte. Ces effets sont d'autant plus redoutables qu'ils se propagent jusqu'à d'assez grandes distances, et qu'en raison de la puissance (20 à 25 mètres) des marnes comprises entre la haute masse de plâtre et les glaises vertes, les excavations présentent une grande profondeur et ne peuvent être comblées par de médiocres éboulements.

46. Marnières. — Les seules marnes exploitées à proximité de Paris appartiennent à la formation gypseuse; ce sont les marnes ou glaises vertes employées pour la fabrication de la brique et quelques bancs aptes à donner de la chaux hydraulique et du ciment. Leur exploitation accompagne d'ordinaire celle de la pierre à plâtre, et, en permettant d'utiliser une partie des terres de recouvrement, elle contribue à diminuer les frais généraux de l'extraction. Quand l'exploitation des marnes dont il s'agit n'est pas accessoire à celle du plâtre, elle se fait à ciel ouvert et pour ainsi dire au niveau du sol.

47. Sablières. — Les sables de Fontainebleau qui se rencontrent en couches épaisses sur les plateaux des environs de Paris et dans Paris même, à Montmartre et à Belleville, sont exploités à ciel ouvert dans cette dernière localité; ils sont très fins et blancs, souvent jaunes ou roux, coloration qu'ils doivent à de l'oxyde de fer, et si meubles qu'ils s'enlèvent à la pelle.

L'abatage a lieu par banquette ou sur toute la hauteur du front de masse incliné en talus.

Des tranches latérales et des coins enfoncés en arrière du front de taille suffisent à déterminer la chute du sable. Cette chute est encore plus rapidement obtenue lorsqu'on soulève à la base du front de taille; mais à cause du danger que courent les ouvriers d'être ensevelis sous un éboulement, ce procédé n'est toléré par les règlements que sous la condition de précaution minutieuses. (*Voir l'arrêté préfectoral en date du 27 septembre 1882. — Annexes.*)

48. — Les couches de sable, de gravier et de cailloux que contiennent les alluvions de la vallée de la Seine sont également exploitées à ciel ouvert à Paris, dans les quartiers de Grenelle et d'Ivry. La masse a été souvent coupée à pic sur une hauteur de 7 mètres et 8 mètres. Mais l'arrêté préfectoral précité a limité à 4 mètres le maximum de hauteur des banquettes ou fronts.

Un souchevage à la base, des tranches latérales et des coins enfoncés en arrière du front provoquent l'éboulement de la masse, qui possède assez de cohésion. Cette masse est divisée et ameublie après l'éboulement ; on l'enlève à la pelle.

49. — Les excavations résultant de l'exploitation des sablières deviennent ordinairement des lieux de décharge pour les déblais provenant d'autre fouilles ou de travaux de démolition. Au bout d'un certain temps elles sont comblées et le terrain paraît revenu à son état primitif. Il s'en faut de beaucoup qu'il en soit ainsi au point de vue des constructions à supporter. Les remblais qui constituent le nouveau sol sont en effet compressibles à un haut degré ; ils occasionnent en conséquence des tassements inégaux suivis de lézardes dangereuses dans les bâtiments montés au-dessus d'eux, si des précautions particulières n'ont point été prises pour l'établissement des fondations (18, 60).

ÉTAT DES ANCIENNES CARRIÈRES SOUS PARIS

50. — Les vides d'anciennes carrières existant au-dessous des voies publiques et des propriétés privées d'une grande partie de Paris proviennent exclusivement de l'exploitation ou du plâtre ou de la pierre à bâtir. Ils se distribuent en trois régions principales : l'une, au nord, a été spéciale aux plâtrières, les autres, particulières à la pierre à bâtir, s'étendent l'une au sud, sur la plus grande partie du territoire de la rive gauche, l'autre, sur la rive droite de la Seine, sous une partie du XVIᵉ arrondissement, quartiers de Chaillot et de Passy.

Une quatrième région, beaucoup moins importante, occupe l'extrémité est de Paris dans le XIIᵉ arrondissement.

51. — L'état dans lequel se trouvent les carrières abandonnées varie avec la nature de la masse et le mode d'exploitation. Les vides laissés par les anciennes carrières de plâtre dans Paris sont devenus absolument inaccessibles depuis qu'ils ont été comblés par les éboulements qu'on y a anciennement provoqués ou par des remblais. Une partie des excavations de la butte Montmartre ont, en effet, été détruites par le *foudroyage* à la poudre des piliers de soutènement ; une autre partie, en regard de la place du Marché, a été comblée, en 1848, au moyen de terres de remblais apportées du dehors, procédé plus coù-

teux, mais bien préférable au foudroyage pour la conservation du sol de recouvrement en bon état de stabilité.

Les vides des carrières des buttes Chaumont ont été, pour la plupart, comblés par l'écrasement spontané des piliers tournés qui supportaient les trois étages de galeries superposées dont se composait l'exploitation, et aussi par l'apport de terres de remblais.

Actuellement donc, à la place des anciennes excavations souterraines des plâtrières, se trouvent généralement des masses bouleversées, où les vides sont fort peu étendus et inaccessibles. Sous peine d'être exposées à des tassements inégaux et à des lézardes dangereuses, les maisons bâties au-dessus d'elles ont besoin des plus sérieuses fondations, mais il n'est plus à redouter qu'elles disparaissent tout entières dans de grands fontis.

52. — Les carrières souterraines de pierres à bâtir situées dans les autres régions de Paris ont été exploitées à un ou à deux étages : les plus anciennes par piliers tournés, les autres par hagues et remblais, c'est-à-dire, sans laisser en place aucune portion de la masse pour le soutien du toit.

Dans le cas des piliers tournés, les galeries sont vides, à moins que, postérieurement à leur abandon, des travaux de consolidation y aient été effectués. Si la continuité des ciels n'est interrompue que par de rares *filières* ou fentes qui existent naturellement dans les bancs de pierre, ou s'ils sont sans cassures ; si, en outre, les piliers ne paraissent pas surchargés (on reconnaît la surcharge des piliers aux fissures qu'ils présentent et aux esquilles qui s'en détachent), la carrière est en bon état et susceptible d'y demeurer indéfiniment. Elle peut en conséquence être utilisée, soit comme cave, soit pour la culture des champignons ou toute autre destination, sans qu'il soit besoin d'y faire des travaux confortatifs.

Au contraire, si le ciel ou les piliers fissurés témoignent de leur mauvais état ou de leur insuffisante épaisseur, la production de fontis est à craindre et à prévenir au moyen de travaux appropriés.

53. — On doit aussi tenir compte de la possibilité des fontis dans les vides résultant de l'exploitation par hagues et bourrages. Comme on l'a dit précédemment, les remblais, en quantité trop faible pour remplir les excavations, ont été, avec les piliers à bras et les hagues, disposés de manière à assurer avant tout la sûreté du front de taille et des galeries de service, et par conséquent inégalement répartis au-dessous des surfaces sous-minées. La conséquence de cet état de choses se fait aisément pressentir. Soumis aux tassements inégaux qui s'opèrent dans les remblais, le ciel de la carrière s'infléchit en sens divers ; il se fissure lorsque les lacunes ou les insuffisances de remblais permettent des flexions exagérées ; des fragments se détachent alors du ciel et deviennent le point de départ des fontis (34).

54. — On vient de voir comment les vides laissés dans les remblais peuvent créer des dangers d'effondrement pour les terrains qui les recouvrent; il semble dès lors que leur comblement devant obvier aux inconvénients, il soit assez simple de remédier à la fâcheuse situation des sols minés. Si on possédait d'avance la connaissance exacte des lieux où des excavations ont été pratiquées, cette opinion serait fondée; malheureusement l'existence des vides n'est pas facile à constater sans travaux exprès. Il n'y a rien là d'ailleurs qui doive surprendre, attendu que les exploitations qui les ont amenés sont plusieurs fois séculaires; qu'elles ont eu lieu antérieurement à toute réglementation et, pour un grand nombre, sans aucune préoccupation des droits de propriété; sans responsabilité, partant sans prévoyance; que presque tous les chemins de service de ces carrières ont été masqués ou rendus impraticables par suite des éboulements survenus depuis leur abandon, et que c'est avec la pioche qu'il faut s'ouvrir, dans ces ruines, une voie qui permette d'aller à la découverte des vides inconnus. La recherche dont il s'agit exige, on le comprend, une direction méthodique; mais les travaux de sape qui la réalisent, pour n'être pas dangereux, doivent être immédiatement suivis de travaux de consolidation proprement dits. Cette condition impose, il importe de le bien faire remarquer, l'obligation de restreindre les investigations aux seules localité dont la consolidation est en cours d'exécution. Cette remarque est d'autant plus nécessaire que certaines personnes croient qu'une reconnaissance préliminaire et générale du sous-sol de Paris a pu précéder les travaux de consolidation, tandis que c'est l'inverse qui a eu lieu.

55. — Il était réservé aux Catacombes de Paris de donner lieu à des opinions erronées, ainsi qu'il arrive des choses qui ne peuvent être qu'imparfaitement connues du public, tout en excitant vivement sa curiosité, et qui deviennent, à défaut d'informations précises, une occasion de conjectures souvent invraisemblables, ou même de véritables légendes. C'est ainsi qu'on se figure assez généralement le Panthéon comme reposant sur d'anciens vides de carrières.

Une opinion plus extraordinaire représente la Seine comme coulant, dans Paris, au-dessus de carrières jadis exploitées. Une autre erreur très accréditée consiste à croire que l'on peut parcourir librement l'ensemble des quartiers sous-minés, et que les rues de la surface ont leur représentation symétrique au-dessous du sol. S'il est vrai que d'étroites galeries permettent de circuler sous un certain nombre de voies, c'est là plutôt une exception qu'un fait général. Toutes ces galeries de circulation souterraine sont de création récente, elles se rattachent aux consolidations exécutées par la Ville.

Ces travaux ne s'étendent pas, comme on le croit, sous les propriétés privées. C'est au propriétaire qu'il appartient, en vertu des règles du droit commun, d'exécuter, avant toute construction, les consolidations indispensables. On verra, au dernier chapitre, dans quelle mesure la Ville, soucieuse d'assurer la sécurité publique, intervient dans ces travaux.

56. — Un coup d'œil jeté sur le plan de Paris indiquant les régions sous-minées permet d'apprécier l'étendue de ces régions. Ce plan, dont la légende explique l'usage, contient un certain nombre de points nivelés qui sont de deux sortes : 1° Ceux qui, désignés au moyen d'un petit cercle, correspondent à des points identiques des plans de Paris relatifs au relief du sol, aux nappes aquifères et aux formations géologiques ; 2° ceux qui, désignés au moyen d'un Δ, n'ont pas leurs correspondants sur les autres plans de Paris. Le quadrillage à double entrée sert à repérer ces divers points. En regard des repères de chacun d'eux, on trouve, dans les tableaux en marge : la cote de niveau du sol, celle de la partie supérieure des excavations, et la hauteur des vides laissés par l'exploitation. On déduira aisément de ces cotes les hauteurs relatives ou les profondeurs utiles à considérer. Elles donnent une approximation pour les points non repérés voisins des précédents, attendu que l'allure |du gypse et du calcaire grossier, sensiblement horizontale, ne comporte pas de différence de niveau notable pour des points du sol assez rapprochés.

CHAPITRE IV

EXPLORATION ET CONSOLIDATION DES SOLS MINÉS

57. — L'égalité des pressions appliquées en chacun des points de la base d'un édifice est une des conditions qui, en assurant le tassement uniforme de ses parties, contribuent le plus à sa stabilité et à sa durée. Cette condition, qui résulte des dispositions du plan, serait cependant insuffisante si le fond de la fouille destinée à recevoir les fondations n'était pas suffisamment résistant et incompressible. On sait qu'à ce point de vue les terrains ont été classés en deux catégories principales : 1° les terrains incompressibles ; 2° les terrains compressibles ou mouvants.

Parmi les premiers, les plus favorables peuvent recevoir directement les fondations. On y range les sols suivants : les marnes compactes, les tufs ou travertins, les roches calcaires et siliceuses ; en un mot, les terrains pierreux ou rocailleux d'un enlèvement difficile. Font encore partie de la même catégorie, les terrains de graviers et de sables anciennement déposés, lesquels sont également incompressibles, bien qu'il y ait lieu de les encaisser lorsqu'ils confinent à des escarpements.

58. — Les sols compressibles et mouvants, tels que la terre végétale, les remblais et les terrains tourbeux ou argileux, appartiennent à la seconde catégorie. On doit obvier aux défauts qu'ils présentent, en les enlevant, s'ils n'ont pas une trop grande épaisseur, ou en exécutant des ouvrages capables d'en assurer la stabilité et celle des fondations. Le battage de pieux ou pilotis, l'établissement de plates-formes en charpente, des empatements de grande étendue, des massifs et des piliers en béton, etc., sont au nombre des moyens employés pour atteindre le but. Le choix à faire entre eux dépend évidemment des circonstances locales et des ressources financières dont on dispose ; il appartient aux architectes ou ingénieurs chargés de la direction des travaux.

59. — Aux deux catégories précédentes, il convient d'en ajouter une troisième comprenant les terrains sous-minés, assez nombreux dans Paris. Ces terrains ne peuvent, en effet, être assimilés à aucun de ceux dont il vient d'être question, et leur consolidation s'obtient par des moyens spéciaux, qui n'ont d'analogie avec ceux applicables aux sols mouvants et compressibles que dans des cas particuliers.

Comme il est naturel de le prévoir, les travaux de consolidation dépendent de l'état des anciennes excavations et de leur profondeur au-dessous du sol; du degré de stabilité qu'on se propose d'obtenir, selon que le sol doit ou non recevoir des constructions.

60. — CARRIÈRES A CIEL OUVERT; EXCAVATIONS REMBLAYÉES. — Les travaux nécessités par la présence d'excavations superficielles, ultérieurement remblayées, se rangent parmi ceux qui s'imposent lorsqu'on construit sur des sols sans résistance et compressibles. L'enlèvement des remblais jusqu'au bon sol, sinon l'établissement des fondations sur des piliers et des arcs (dans le cas d'une trop grande profondeur), doivent être effectués lorsqu'il s'agit de constructions importantes ou d'assurer complètement la stabilité. La reconnaissance préalable du sol est aisément obtenue au moyen de sondages ou de fouilles partielles, réparties sur l'emplacement des constructions projetées.

61. EXPLORATION DU SOUS-SOL. — Les travaux destinés à établir si un terrain est sous-miné consistent, en premier lieu, dans le percement d'un puits jusqu'au niveau où gît la substance exploitable : au-dessous du banc de roche ou même du banc vert pour le calcaire grossier (12); à plusieurs mètres dans la masse gypseuse, les bancs laissés en ciel pour la sécurité, ayant souvent cette grande épaisseur(43). Le puits doit être convenablement blindé lorsqu'il traverse des terrains ébouleux. S'il débouche dans une excavation, vide ou remblayée, on est immédiatement fixé sur la question d'existence d'une carrière; mais il reste à en déterminer l'étendue et les conditions par rapport à la surface, au moyen d'un levé de plan. Si, au contraire, le fonçage du puits dans la masse ne rencontre pas le vide; comme rien n'indique que l'ouvrage n'est pas tombé sur un pilier ou au delà d'un front laissant des vides à proximité, il convient de pratiquer, au niveau ordinaire des exploitations, une étroite galerie tranchée dans la masse, suivant une direction dictée par l'intérêt de la recherche. Cette direction est modifiée, lorsque la galerie ne paraît pas devoir aboutir, ou lorsqu'elle s'est suffisamment approchée des limites du terrain. Il va de soi que plusieurs puits doivent être foncés en divers points, lorsque ce terrain a une grande étendue.

62. — Toutes les fois que le résultat de ces travaux est négatif, l'absence de carrière est constatée. Elle l'est également si une nappe d'eau est rencontrée à un niveau supérieur à celui de la masse exploitable. Cependant des excavations souterraines ont pu être pratiquées quelquefois dans des terrains où l'eau se rencontre à certaines époques de l'année; là où la masse est alternativement inondée et découverte, par des nappes susceptibles d'éprouver des variations de niveau notables.

63. — Les puits sont ordinairement remblayés avec les terres de la fouille; ils sont remplis, avec du béton bien pilonné, lorsqu'ils ont été creusés au-dessous de points d'appui; disposition qui n'est adoptée que dans les terrains sans consistance, exigeant que les fondations reposent sur des piliers et des arcs en maçonnerie.

64. Dans l'hypothèse où le puits a débouché à l'intérieur d'une carrière de pierre à bâtir par piliers tournés, il est en général aisé d'explorer les excavations, lesquelles sont vides, à moins que des fontis et des éboulements s'y soient produits depuis leur abandon, ou que des travaux de consolidation y aient été exécutés.

65. — Les anciennes carrières entièrement dépilées sont d'une exploration moins facile. Les anciens remblais, excessivement comprimés sous la charge du terrain supérieur, ont une cohésion et une compacité qui rendent le traçage des galeries de recherche long et coûteux. On a vu précédemment (54) que les anciennes galeries de service sont souvent obstruées par des terres provenant de l'éboulement de leurs parois, et que parfois elles sont complètement barrées par des fontis ou d'anciens puits d'extraction remblayés. Dans ce cas, la recherche proprement dite doit tendre à reconnaître les fronts de masse qui limitent l'excavation sous la superficie à explorer, et tout particulièrement les fontis en voie de formation. Mais, comme on en a fait la remarque, ces opérations, pour n'être pas dangereuses, doivent être immédiatement suivies des travaux de consolidation nécessaires et se confondre avec ceux-ci.

66. — L'exploration et la consolidation des anciennes carrières de plâtre plus ou moins exactement effondrées, offrent des difficultés et donnent lieu à des dépenses qui croissent rapidement avec la profondeur des vides au-dessous du sol et avec la hauteur des galeries d'exploitation. L'air faisant défaut dans les travaux profonds, il faut y avoir recours à des moyens artificiels et dispendieux d'aérage. D'autre part, les désordres auxquels il s'agit de remédier n'existent pas seulement au niveau des anciennes excavations; ils affectent, dans toute son épaisseur, le terrain qui leur est superposé. Aussi, dans certaines circonstances, les difficultés et les dépenses peuvent être telles qu'il convienne de renoncer à faire des constructions importantes sur un sol ainsi bouleversé. Il ne serait possible de remédier à la compressibilité et aux mouvements du sol, dans les circonstances dont il s'agit, qu'en employant des mesures extraordinaires, telles que l'établissement de larges massifs en béton, répartissant sur une grande surface la charge des édifices à supporter.

CONSOLIDATION DU SOL

67. Comblement des excavations. — La consolidation d'un terrain peut être effectuée en vue de prévenir uniquement les fontis ou effondrements brusques du sol dans lequel des hommes pourraient être entraînés; elle peut l'être en vue d'assurer au sol une complète stabilité, nécessaire pour l'établissement des constructions. Dans le premier cas, il suffit, s'il s'agit d'une ancienne carrière par hagues et bourrages, d'opérer ou plutôt de compléter le comblement des vides. A cette fin, un puits ou une galerie d'accès étant ouverts, des terres sont amenées à portée des vides à remblayer et jetées à la pelle, en arrière de hagues qu'on élève à mesure que le remblai s'exécute. Ces hagues maintiennent en place les terres que l'on a soin de comprimer au pilon ou à l'aide d'un levier en bois et forment avec elles des espèces de piliers mixtes qui remplissent l'emplacement. Le même travail se répète de proche en proche, par parties telles, que les hagues comprenant des bourrages interposés sont distantes de 1 m. 50 à 2 mètres les unes des autres. Les blocs de pierre trouvés dans les vides sont superposés en piliers à bras qu'on élève jusqu'au ciel de carrière et contre lequel on les serre au moyen de cales.

Ces opérations ne présentent aucune difficulté d'exécution tant que la hauteur des vides n'est pas considérable. Mais dans les hautes excavations des plâtrières non effondrées, il en irait tout autrement et la dépense serait grande [1]. Il est d'ailleurs évident qu'elles préviennent complètement la production des fontis et que dans bien des cas elles suffisent à la consolidation du terrain.

68. Ouvrages en maçonnerie. — Lorsque les ciels des excavations sont en bon état et formés d'un banc solide, et que, d'autre part, la proportion des piliers est convenable, comme il arrive souvent dans les carrières à piliers tournés, il n'y a pas lieu d'exécuter aucun travail de consolidation [2].

Si, au contraire, la proportion des piliers est insuffisante, ou si le ciel est fis-

---

1. Adopté par l'Administration comme procédé de comblement, à une époque où les terrains effondrés ne paraissaient pas devoir être occupés par des constructions, le foudroyage des piliers trouve là son explication naturelle sinon sa complète justification.

2. Il ne serait pas sans intérêt d'y pouvoir exercer une surveillance. L'absence de clôture des propriétés souterraines est un fait général de nature à favoriser des manœuvres illicites, telles que l'apport de terres étrangères à l'excavation, ou l'enlèvement de matériaux utiles, par des ouvriers chargés de travaux de consolidation sous une propriété du voisinage.

suré de telle sorte que des chutes partielles soient à craindre, il convient de consolider en ajoutant des supports additionnels, et en maintenant les portions du ciel qui menacent de s'affaisser. Des murs, des piliers, des voûtes en maçonnerie permettent de remplir ces indications. On peut, en outre, remblayer les cavités au moyen des hagues et bourrages déjà mentionnés (67).

69. — La comparaison des procédés précédemment exposés donne occasion de faire remarquer que les constructions en maçonnerie, bien calées contre le ciel des excavations, ont pour effet de fixer d'une manière invariable la position des bancs qui le constituent et de garantir le terrain superposé de tout abaissement ultérieur. Il n'en peut évidemment être de même lorsque des bourrages seulement doivent supporter les ciels. Quoique pilonnés, ces bourrages se compriment avec le temps sous leur propre poids, et cessent bientôt d'être en contact avec le ciel, à moins que celui-ci ne descende en même temps, circonstance qui ne manque pas de se produire tôt ou tard. Bien que ce tassement soit ordinairement limité à quelques décimètres de hauteur, il peut en résulter des dénivellations irrégulières pour les couches superficielles du sol, quand elles participent au mouvement. Ces accidents, sans gravité lorsque le terrain est dépourvu de constructions, ou ne porte que des constructions légères, en acquièrent une grande dans le cas où des constructions importantes sont exposées à subir le contre-coup des tassements inégaux. On voit par là, qu'il y a lieu d'employer les ouvrages de maçonnerie lorsqu'il s'agit d'assurer à un haut degré la stabilité du sol; qu'il importe de le faire pour la construction des édifices, des maisons à plusieurs étages et des ouvrages d'art, tels que réservoirs, conduites d'eau et égouts, dont la rupture peut avoir des conséquences désastreuses.

70. FONDATIONS SUR PILIERS EN BÉTON. — Quand l'état des vides est devenu très mauvais par suite de la chute des ciels, et que plusieurs fontis ont disloqué le terrain qui surmonte la carrière, les travaux de consolidation qui viennent d'être indiqués ne suffisent plus : la fixité qu'ils pourraient rendre aux ciels des excavations serait sans influence sur les parties du sol que les fontis ont ameublies en quelque sorte et transformées en un terrain inconsistant, impropre à recevoir des constructions. Si donc le sol de la carrière n'est pas trop en contre-bas du niveau que devraient atteindre des fouilles ordinaires, il y a profit et sécurité à faire descendre les fondations jusqu'à lui. On procéderait en cela comme si on était en présence d'un sol naturel défectueux, non loin duquel on saurait devoir rencontrer un terrain résistant. Lorsque, au contraire, la carrière se trouve à une notable profondeur, on a recours au procédé de fondations par piliers, employé dans les terrains mouvants et, comme on l'a vu plus haut (60), dans les excavations remblayées. Ledit procédé consiste à creuser au droit des points d'appui et des murs principaux soit des puits qui descendent jusqu'au sol résistant; soit le sol de l'ancienne carrière. Ces puits, ordinairement de 1 mètre 20 de diamètre, sont

remplis en béton et reliés entre eux, à leur partie supérieure, par des arcs en maçonnerie dont l'intrados peut reposer sur le fond de la fouille comme sur un cintre. Par ces dispositions la construction est indépendante du sol compressible; elle s'appuie sur le sol résistant par l'intermédiaire des colonnes de béton, qui doivent, en conséquence, être capables de supporter tout le poids de l'édifice. De semblables travaux occasionnent un surcroît de dépense assez considérable pour déprécier sensiblement les terrains où ils sont nécessaires.

71. CONSOLIDATION DES FONTIS. — Lorsqu'un fontis vient au jour en un point du sol libre de toute construction, il y a simplement lieu de le remplir avec des terres apportées de l'extérieur. Si la chose est possible, c'est-à-dire si la carrière où ce fontis débouche est accessible souterrainement, on prend la précaution d'enceindre sa base d'un mur destiné à soutenir les portions de ciel qui forment le bord du fontis en carrière, et à empêcher les terres de remblai de se répandre dans les vides avoisinants. Il est d'usage de faire couler de l'eau dans les terres de remplissage pour diminuer leur foisonnement et pour remblayer plus exactement le vide. Malgré ce soin, une certaine diminution de volume des terres se produit avec le temps et oblige à recharger plusieurs fois l'emplacement de l'excavation. Cet effet est d'autant plus sensible que la profondeur est plus grande (les profondeurs de 15 et de 20 mètres sont ordinaires au sud de Paris). Le même effet se produit au droit des anciens puits d'extraction et donne lieu à de fausses alarmes, principalement quand la surface du sol est pavée ou dallée; cette surface pouvant se soutenir quelque temps au-dessus du vide qui se forme par l'effet du tassement et ne s'effondrer que sous le poids d'une surcharge accidentelle ou sous les pieds des passants.

72. — Le comblement du fontis n'est plus une mesure suffisante, quand celui-ci survient au-dessous de constructions dont il compromet l'existence. Il devient indispensable de faire porter la charge en suspension sur des piliers incompressibles, en béton par exemple, s'appuyant sur le fond solide de la carrière. La construction de ces ouvrages en sous-œuvre, au milieu d'un terrain éboulé, exige que le bâtiment en péril et les puits nécessaires soient convenablement étayés et blindés.

73. — La découverte des fontis en voie de formation a généralement lieu au cours des travaux d'exploration ou de consolidation du sol. Lorsque la hauteur et les autres dimensions font présumer une dislocation profonde du terrain, s'étendant jusqu'auprès de la surface, on creuse un puits au-dessus de la cloche et l'on procède à la consolidation comme il vient d'être dit (71, 72), mais lorsque la cloche a peu de hauteur par rapport à l'épaisseur du recouvrement, on évite d'affaiblir le sol par le fonçage d'un puits, et on procède au remplissage par-dessous, soit avec des terres, soit avec de la maçonnerie. A cet effet, on cerne le fontis à sa base, au moyen d'un muraillement qui soutient les portions du

ciel encore en place en même temps qu'il maintient les terres de remblai. Celles-ci sont bourrées, entre des hagues, par couches horizontales, jusqu'à ce que le sommet de la cloche soit atteint. Dans chaque couche, un espace aussi restreint que possible est réservé pour le passage des terres et des ouvriers ; ses parois sont des hagues qui maintiennent les terres bourrées. La partie inférieure en est bouchée au moment où, le travail achevé, on ferme l'ouverture du muraillement, à la base du fontis.

74. — Quelques cloches ont été consolidées au moyen de revêtements et de remplissages en maçonnerie. C'est ainsi qu'un puits ayant été percé au-dessus d'une cloche, et celle-ci débarrassée des terres éboulées et enclose à son niveau inférieur, il a été possible d'en opérer le comblement avec du béton ; celui-ci, se moulant dans toutes les anfractuosités du vide, forme un support parfaitement incompressible. On a pu également effectuer la consolidation par dessous, en maçonnerie, au moyen d'une sorte de cheminée centrale, à la base de laquelle on accédait par des baies, au niveau du sol de la carrière. A mesure que s'élevait cette cheminée, on remplissait en maçonnerie de blocage l'espace vide qui subsistait entre elle et les parois de la cloche maintenues provisoirement avec des boisages. Ces modes d'opérer ont été mis en pratique dans les travaux de consolidation souterraine des réservoirs d'eau de la Vanne, à Montsouris. Ils assuraient d'une façon complète la stabilité du sol au-dessous du radier du réservoir, ce que n'auraient pu faire les bourrages les mieux exécutés. Toutefois, ce sont là des travaux exceptionnels auxquels on ne se livre que dans des cas d'impérieuse nécessité.

Il n'est pas sans intérêt de faire observer en terminant ce chapitre que les travaux souterrains sont particulièrement dangerereux et ne doivent être confiés qu'à des maçons et terrassiers spéciaux, ayant fait leurs preuves. Beaucoup d'habitude et d'expérience sont, en effet, nécessaires pour mener à bien les opérations toujours scabreuses à exécuter dans les milieux mouvants, et pour employer à propos les bois de soutènement qui les rendent possibles.

CHAPITRE V

NOTICE CONCERNANT L'OSSUAIRE ET L'ENSEMBLE DES CATACOMBES DE PARIS

1° OSSUAIRE MUNICIPAL.

75. — Moins connues peut-être des Parisiens que des étrangers à la Ville, les Catacombes de Paris, et particulièrement l'Ossuaire, possèdent le privilège d'exciter vivement la curiosité des touristes, sans doute en raison de l'intérêt lugubre qui s'y rattache. Leur histoire s'est assez peu répandue pour que la littérature d'imagination ait pu, sans froisser les idées en cours, les prendre pour thème de récits étranges, émouvants, dont l'écho s'est plus ou moins propagé. Un seul ouvrage sérieux les concernant a été publié jusqu'à ce jour; il est dû à M. Héricart de Thury, Inspecteur général des carrières de la Seine à l'époque de sa rédaction, en 1815. Cet ouvrage, très rare et nécessairement incomplet, contient des renseignement historiques dont quelques-uns ont paru devoir être reproduits ici.

76. — La création de l'Ossuaire municipal a été le résultat d'une grande mesure d'hygiène publique : la suppression et l'évacuation du cimetière des Innocents. Ce cimetière, après avoir pendant plus de dix siècles reçu les dépouilles des générations qui successivement s'étaient éteintes dans vingt paroisses de la ville, était devenu un foyer d'infection extrêmement préjudiciable à la santé publique. Dès le milieu du xvi° siècle, les inconvénients de son voisinage se faisaient assez sentir pour avoir provoqué de vives réclamations. Il n'avait pu être donné satisfaction aux plaignants, des conflits s'étant élevés entre les pouvoirs auxquels ressortissaient les décisions à prendre. Cette situation se prolongea, malgré ce qu'elle avait de fâcheux, et ne cessa qu'après plus de deux siècles d'attente, pendant lesquels, les inhumations continuant à se faire, les inconvénients s'aggravèrent au delà de toute mesure. Ce ne fut que le 9 novembre 1785, à la suite d'accidents graves survenus dans les caves avoisi-nant le cimetière, et sous la pression de l'opinion publique effrayée, que le Conseil d'État rendit un arrêt qui ordonnait enfin la suppression du cimetière et la transformation de son emplacement en place publique propre à l'établissement d'un marché.

L'évacuation du cimetière donna lieu à de grandes difficultés. Pour atténuer autant que possible les dangers inhérents au maniement d'énormes quantités de matières cadavériques, il fallait, en effet, mettre une grande célérité dans l'exécu-tion des travaux. Cela était d'autant plus nécessaire que la chimie n'avait pas encore suggéré les moyens de désinfection qui furent découverts plus tard. Mais le cimetière et les choses mortuaires étaient l'objet d'une vénération générale auprès de laquelle le respect et l'attachement modernes sont des sentiments modérés. Il était donc à craindre que des incidents presque inévitables n'occa-sionnassent quelque émotion populaire, susceptible d'entraver les travaux com-mencés, quoique toutes les précautions eussent été prises pour ménager les sen-timents d'une multitude aussi impressionnable. Nonobstant des circonstances aussi délicates et périlleuses, dit un rapport du temps, grâce à l'extrême activité déployée et à la bonne organisation des détails, on parvint, en prévenant tout scandale, à « fouiller et rechercher successivement toutes les fosses, et, en même temps conserver les antiquités curieuses et les monuments intéressants dont le terrain était couvert; enfin transporter, d'une part, dans les cimetières en activité, les corps non décomposés ou ensevelis récemment, tandis que, d'autre part, on recueillait successivement toutes les dépouilles sèches ou les ossements qui, depuis tant de siècles, extraits et retirés de ce gouffre pour en céder la place à de nouvelles générations déjà éteintes à leur tour, s'entassaient succes-vement sous les portiques, les arcades, les caveaux, les charniers et même les combles ou terrasses et autres monuments funéraires. »

Il ne fallut pas moins de quinze mois pour transporter les ossements du cime-tière et du grand charnier des Innocents dans les anciennes carrières souterraines de la plaine de Montsouris, aujourd'hui le quartier du Petit-Montrouge. Celles-ci avaient été préparées pour recevoir les débris, et la consécration religieuse avait eu lieu le 7 avril 1786. Dès lors, commença la translation régulière des ossements. De longues suites de chariots funéraires, escortés de prêtres en surplis qui chantaient l'office des morts, s'acheminaient lentement, au déclin du jour, vers le lieu de destination.

77. — Le succès de la translation des corps et des ossements du cimetière des Innocents détermina l'Administration à étendre la mesure aux autres cimetières de Paris. De 1792 à 1814, seize cimetières parisiens furent ainsi supprimés. Tous

les ossements furent dirigés sur l'Ossuaire, et là, rangés systématiquement avec l'indication de leur provenance. Quant aux cercueils contenant des corps non complètement décomposés, ils furent de nouveau inhumés dans les cimetières maintenus en activité.

78. — La destination spéciale et exclusive de l'Ossuaire a toujours été, ce qu'elle est encore actuellement, de ne recevoir que les débris osseux et humains extraits du sol parisien. La destruction de ces débris exige parfois un temps si considérable qu'on en retrouve dans des lieux que la tradition ne désigne plus comme ayant été anciennement affectés à des sépultures. Cependant, de nombreuses inhumations ont été faites dans l'Ossuaire à la suite des combats et des émeutes de la période révolutionnaire. Ce furent là des faits particuliers à l'époque dont il s'agit, et qui ne se reproduisirent pas depuis, même dans des circonstances analogues.

79. — Les anciennes carrières à piliers tournés, dont les vides constituent l'Ossuaire, sont séparées des carrières avoisinantes par des murs épais en maçonnerie reliant des piliers de masse laissés par les exploitants. On accède dans l'Ossuaire par trois portes dont les clefs sont aux mains des agents du service spécial. Ces portes ne s'ouvrent guère en dehors des jours consacrés aux visites publiques, lesquelles ont lieu le premier et le troisième samedi de chaque mois. Elles sont disposées, ainsi que les vestibules, de manière à produire un certain effet architectural dans le genre funéraire. De nombreux piliers et des murs supportent les ciels des carrières et découpent l'espace enclos en de nombreux méandres dont le développement atteint 800 mètres.

Les ossements sont empilés entre les piliers et contre les murs de manière à présenter des parements ou surfaces visibles, verticales et planes, sur lesquelles se détachent en saillie des cordons horizontaux de têtes juxtaposées, des os longs croisés en sautoir et d'autres dispositions ornementales compatibles avec le caractère du lieu.

On évalue à plus de trois millions la totalité des individus dont les restes ont été recueillis.

Des inscriptions françaises et latines, quelques-unes grecques, italiennes et suédoises, sont gravées sur les piliers. Les unes indiquent l'origine et la date de la translation des ossements qu'elles concernent; le plus grand nombre, empruntées aux littératures sacrée et profane, expriment des pensées et des sentiments religieux ou philosophiques, conformes à ceux qu'inspirent l'aspect sépulcral et la tristesse du lieu.

On chemine d'ordinaire assez lentement le long des galeries, quand on prend part à une visite des Catacombes; à cause des particularités qui attirent à chaque instant l'attention; puis parce que la sécurité des visiteurs exige qu'il ne se fasse pas de notables solutions de continuité dans la suite de curieux qui s'allonge quelquefois sur plus de 200 mètres. Il résulte de cette circonstance que le temps qui s'écoule entre l'entrée et la sortie est assez long. Cependant le trajet tout entier est compris entre la place Denfert-Rochereau, où a lieu la descente, et un point de la rue Dareau, situé entre l'avenue d'Orléans et l'avenue Montsouris. La hauteur des vides parcourus est médiocre, d'environ 2 m. 30; peu favorable à l'effet monumental.

Les puits, reliant le sous-sol et la surface, sont en assez grand nombre dans la région de l'Ossuaire pour assurer une ventilation convenable. A moins de circonstances particulières, capables de produire des courants d'air actifs, la température est sensiblement invariable et voisine de 11° centigrades.

80. — Une des curiosités de la visite se rencontre sous la rue Dareau. Ce sont deux cloches de fontis dont les parois ont été enduites d'une forte couche de ciment qui en assure la stabilité et la conservation. Des zones diversement colorées figurent la tranche des couches dans lesquelles ces cloches pénètrent. Les hauteurs de ces cavités, curieux et intéressants spécimens d'un accident fréquent dans le sol parisien sous-miné, sont respectivement de 11 mètres et $11^m,30$.

La procession des visiteurs, presque tous porteurs d'une lumière, s'offre aussi à elle-même un spectacle pittoresque, lorsque, serpentant dans les circonvolutions de l'Ossuaire, ses tronçons sont en situation de s'apercevoir réciproquement. Les galeries pleines d'ombre apparaissent tout à coup populeuses et vivement éclairées. Un peu de surprise se mêle à l'impression perçue, parce qu'on ne se rend pas compte tout d'abord de ce que sont tous les gens qu'on voit venir comme au-devant de soi, ni d'où ils peuvent surgir.

2° CARRIÈRES SOUS PARIS.

81. — Dans des circonstances géologiques favorables, c'est-à-dire quand les gisements de matériaux de construction sont à proximité, l'ouverture des carrières coïncide avec l'origine des cités; et, réciproquement, l'abondance et la variété des matières influent sur le développement des centres de population. La ville de Paris, la remarque en a été bien des fois faite, vérifie cette observation générale. On sait que Paris, à l'état embryonnaire et limité à l'île de la Cité, Paris avant l'ère actuelle, exigeait déjà la mise à contribution des gisements les plus rapprochés, qui se rencontraient sur les pentes de la montagne Sainte-Geneviève et de la vallée de la Bièvre.

Débordant toujours de ses limites antérieures, la ville envahissait incessamment de nouveaux territoires, d'abord étrangers à son domaine. Ce phénomène, commun à toutes les villes qui se développent, a été des plus intense pour Paris qui s'est agrandi à la fois dans toutes les directions et de la façon prodigieuse qu'on sait. Aussi les exploitations auxquelles se prêtait la nature variée du sol se sont-elles retirées devant l'extension continue de la population s'éloignant ainsi toujours plus du centre de la cité.

Mais « pendant un grand nombre de siècles, fait observer Héricart de Thury, les exploitations furent abandonnées à elles-mêmes, soumises à aucune espèce de surveillance, entreprises sans autorisation, portées çà et là sans distinction et sans connaissances des limites des propriétés, enfin uniquement livrées à l'aveugle routine et à la plus ou moins grande activité des extracteurs. Il est facile de concevoir et de présumer tous les abus qui durent résulter d'un mode d'exploitation aussi vicieux. » D'après cela, on s'explique qu'une grande proportion du sol de Paris ait été sous-miné, et qu'après un temps assez long l'existence des vides souterrains ait été perdue de vue, à ce point qu'on n'avait de connaissances précises que pour les seules carrières restées accessibles, c'est-à-dire pour la moindre partie des anciennes exploitations. Parmi ces dernières se comptaient assurément les carrières en cavages, exploitées par piliers tournés, et dont les excavations demeurent vides, après l'abandon des chantiers. Il ne faut pas oublier qu'avant 1860, Paris ne comprenait aucune des carrières de gypse qui furent englobées à cette date avec les communes de Montmartre, de la Villette et de Belleville, et que les seules carrières existant dans son enceinte étaient spéciales au calcaire grossier, et consistaient dans les portions des groupes du sud et de Chaillot, que limitaient d'autres communes également annexées aujourd'hui.

82. — Antérieurement à 1774, on paraît n'avoir pas eu sujet de s'inquiéter des inconvénients graves que présentent les excavations souterraines pour la stabilité des habitations et pour la sécurité des voies publiques. Il fallut qu'un grand effondrement survînt dans le cours de cette année 1774, près de la barrière d'Enfer, pour fixer, sur le danger et sur la convenance d'y remédier, toute l'attention de l'Administration. « Une visite générale et la levée des plans de toutes les excavations ayant été ordonnée en 1776, on acquit la certitude, ainsi que l'affirmait la tradition, que les *temples*, les *palais* et la plupart des voies publiques des quartiers méridionaux de Paris étaient près de s'abîmer dans des gouffres immenses; que le péril était d'autant plus redoutable qu'il se présentait sur tous les points, enfin qu'il était nécessaire de se porter simultanément sur chacun d'eux, et malheureusement on n'avait encore aucune donnée sur la conduite à tenir pour remédier au mal le plus effrayant ou même pour en arrêter les progrès. » (Héricart de Thury.) Cette situation ayant été constatée, une commission spéciale fut nommée par le Conseil d'État avec mission d'ordonner et de

faire exécuter tous les travaux reconnus nécessaires. C'est à cette époque et sur la proposition de ladite commission que fut créée l'Inspection générale des carrières. Le jour où, par arrêt du Conseil d'État, on nommait le premier Inspecteur général, M. Guillaumot, le 4 avril 1777, une maison située rue d'Enfer était engloutie dans un terrible effondrement, témoignant en quelque sorte de la nécessité et de l'urgence de la nouvelle création.

83. — On a vu (51) que les anciennes carrières de gypse avaient été bouleversées et comblées par le foudroyage à la poudre de leurs piliers de soutènement, et qu'elles ne peuvent plus contenir de vides notables. Voici à quelle occasion cette pratique s'introduisit dans les règlements. A la suite d'un brusque effondrement, où sept personnes furent englouties, survenu à Ménilmontant, le 27 juillet 1778, une déclaration du Roi, en date du 29 janvier 1779, interdit l'exploitation des carrières de gypse par travaux souterrains, et ordonna de combler les vides existants, en faisant écrouler leurs piliers de soutènement à la poudre. La mesure avait pour but d'empêcher le retour des accidents résultant des fontis, particulièrement graves dans les plâtrières à cause de la grandeur des excavations (41). Cette disposition a été maintenue sous le nom de *foudroyage*. L'opération devait être appliquée dans certains cas qu'il appartenait au service d'inspection d'apprécier. Malheureusement elle n'avait pas pour effet de rendre au sol une stabilité suffisante et qui permît d'y asseoir des constructions de quelque importance sans des travaux spéciaux de substruction. Ces travaux devaient même devenir difficiles et coûteux, en raison de la dislocation des terrains de recouvrement. Il faut bien le reconnaître la défense d'exploiter le plâtre en carrières souterraines avait été dictée par un sentiment d'effroi exagéré ; aussi la destruction des anciennes exploitations n'eut pas lieu d'une façon générale, comme la remarque en a été faite précédemment (51).

84. CONSOLIDATION DES CARRIÈRES DE PIERRE A BATIR. — Les carrières de pierre à bâtir situées sous les voies et sous les édifices publics ont été et sont encore l'objet de travaux consistant dans la recherche et le comblement des fontis et des vides nuisibles ; dans l'établissement de piliers et de murs en maçonnerie, conformément aux règles énoncées dans le chapitre précédent. Pour accomplir cette œuvre, la Ville a dépensé chaque année, depuis 1777, des sommes importantes qui se sont accrues après l'annexion des XIII°, XIV°, XV° et XVI° arrondissements : ces arrondissements présentaient de vastes étendues sous-minées compromettantes pour la sécurité publique. Actuellement, grâce à la persévérance avec laquelle les travaux ont été poursuivis pendant plus d'un siècle, le sol des rues, généralement consolidé, n'est plus exposé à s'effondrer sous les véhicules ou sous les passants, et les travaux d'arts : égouts, conduites d'eau ou de gaz, etc., sont assurés contre les avaries qui pouvaient autrefois résulter de l'écroulement de vides souterrains.

85. — Il s'en faut que la situation soit aussi satisfaisante au-dessous des propriétés privées, lesquelles occupent la plus grande partie des régions sous-minées. A l'exception de celles, en petit nombre, dont le sol a été exploré expressément en vue des constructions à élever, les propriétés dont il s'agit ne sont reconnues souterrainement que d'une manière accidentelle en quelque sorte, et seulement en raison des connexions qu'elles ont avec celles que la Ville a dû elle-même consolider, comme étant siennes. La possibilité d'accéder, sans travaux exprès, dans les vides souterrains situés au-dessous des propriétés particulières n'existe, en effet, que lorsque ces vides ont été rencontrés par les travaux municipaux et sont restés en libre communication avec les galeries conservées. Dans tous les cas où il n'en n'est pas ainsi, ce sont, on le conçoit, les plus nombreux, aucune surveillance ne peut avoir lieu, bien que des tournées fréquentes soient faites dans le but de prévenir, autant que possible, des accidents semblables à celui survenu, en 1879, dans le passage Gourdon, accident dans lequel trois maisons furent compromises de la manière la plus grave[1].

86. OBLIGATIONS ET RESPONSABILITÉ DES PROPRIÉTAIRES. — Il convient à ce propos de rappeler ici, parce que les intéressés sont assez portés à l'oublier quand il s'agit d'anciennes carrières, que la propriété du sous-sol ne se distingue pas de celle de la surface, et qu'il incombe aux propriétaires d'assurer la stabilité de leur sol et de leurs constructions, tant à cause de l'intérêt direct qu'ils y ont, qu'à cause des responsabilités de tous genres qu'ils encourraient, aux termes des articles 1382 et 1383 du Code civil, si, par le fait d'un affaissement du sol qu'ils auraient négligé de conjurer, des personnes tierces se trouvaient lésées dans leurs biens ou dans leur existence. La préoccupation de ces responsabilités a, depuis une trentaine d'années, pris sa place légitime dans l'esprit des architectes et des constructeurs; mais on peut dire que jusque-là les maisons étaient, en général, bâties sans aucun souci de l'état du sous-sol et des conséquences qui en pouvaient résulter. Il n'est donc pas surprenant que, de temps à autre, quelque maison se soit trouvée dans un cas de péril nécessitant son évacuation et l'exécution de travaux confortatifs. N'est-il pas singulier, au contraire, que les règlements qui régissent la construction des maisons à Paris ne se soient pas occupés de la question des carrières, si ce n'est pour prescrire aux constructeurs de se renseigner sur l'état du sous-sol, et qu'il fût loisible de bâtir sur des terrains notoirement sous-minés sans que des travaux de consolidation fussent exécutés ni prescrits? Il a été heureusement mis fin à cet état de choses par, un

1. En avril 1880, un accident du même genre, qui eut plus de retentissement encore, faillit engloutir plusieurs maisons du boulevard Saint-Michel, en face de l'École des Mines. Ces maisons furent préservées grâce au dévouement des chefs d'atelier et des ouvriers de l'Inspection des carrières qui réussirent à restaurer les piliers de soutènement à moitié ruinés.

arrêté préfectoral en date du 18 janvier 1881, en vertu duquel les constructeurs sont maintenant tenus de faire le nécessaire, sous la surveillance des agents de l'Inspection.

87. — En résumé, le sous-sol des rues de Paris, généralement consolidé, est actuellement dans un état satisfaisant de stabilité ; il n'en est pas de même de l'ensemble des terrains appartenant à des particuliers. A l'égard de ces derniers, mais dans la mesure des parties visitables seulement, la surveillance organisée est en état de reconnaître et de signaler les points qui deviendraient dangereux.

88. — Malgré l'impossibilité d'exercer une surveillance complète sous les propriétés privées, les parties de Paris encore exposées aux accidents du sol sont appelées à décroître d'une manière assez rapide, par suite de l'arrêté précité. Au nombre des conditions imposées à ceux qui veulent bâtir figurent, toutes les fois que cela paraît utile : la reconnaissance du sous-sol, pour les emplacements douteux ; des travaux de consolidation, lorsque des vides existent ; la remise du plan des vides et des travaux exécutés. Ces conditions s'appliquent d'ailleurs aux anciennes constructions pour lesquelles une addition ou une modification rendent une nouvelle permission de bâtir nécessaire.

89. — Il convient de faire remarquer, en terminant ce chapitre, que les dangers inhérents à l'existence d'anciennes carrières sous les propriétés privées ont été atténués mais non complètement supprimés, comme le pensent à tort des personnes qui ignorent la situation, par les travaux exécutés sous les voies publiques de Paris. En faisant disparaître toute cause de mouvement dans son propre domaine, la Ville a en effet augmenté les chances de stabilité des propriétés sous-minées contiguës. D'autre part, l'exploration et la reconnaissance de son propre fonds l'ont mise en état, au profit de l'intérêt privé, de constater des faits souterrains de nature à compromettre la sécurité des maisons non consolidées. Bien souvent des cas de péril reconnus ont été et sont encore dénoncés par elle aux personnes qu'ils intéressent et dont ils engagent gravement la responsabilité. En agissant ainsi, la Ville a certainement prévenu bien des ruines et des catastrophes ; mais là ne s'est cependant pas arrêtée son intervention. A la suite de l'accident déjà cité du passage Gourdon, l'Administration municipale a décidé d'exécuter elle-même, d'office, les travaux commandés par la sûreté publique, toutes les fois que l'arrêté d'injonction prescrivant ces travaux ne serait pas observé dans un court délai. Les dépenses sont ensuite recouvrées sur la partie responsable.

Il n'est pas possible à la ville de Paris de faire davantage, car la situation d'une maison au-dessus d'anciennes excavations n'est pas périlleuse *ipso facto* et l'intervention de l'Administration dans les questions d'intérêt privé n'est motivée que dans les cas de péril imminent où la sécurité publique est engagée (54).

90. — Plus d'un siècle s'est écoulé depuis que l'Inspection des carrières a été instituée et ses ateliers organisés. A un état de choses absolument désordonné et plein de périls a succédé l'état de choses actuel, dont on a essayé de donner une idée dans les lignes qui précèdent. Il en a coûté bien des efforts et des sommes considérables pour réaliser les progrès accomplis. Cependant la tâche de l'Inspection n'est pas encore achevée. En effet, cette tâche s'étend avec l'écoulement des années : après la consolidation du Paris antérieur à 1860, est venue la consolidation de l'ancienne banlieue ; une nouvelle extension de Paris vers le sud donnerait encore lieu à des travaux considérables. En tout cas, les modifications qui se produisent incessamment dans la viabilité de Paris, la construction des nouveaux égouts, les percements de nouvelles voies dans les régions sous-minées ou présumées telles et dont l'étendue égale presque le tiers de la surface de Paris ; l'entretien et parfois la reprise des anciens travaux de consolidation ; le contrôle des permissions de bâtir et des ouvrages exécutés sous les propriétés particulières ; l'exécution d'office de ceux-ci, le cas échéant ; tous ces travaux dont le programme est nécessairement indéterminé exigeront que de nouveaux sacrifices soient faits dans l'avenir, comme il en a été fait dans le passé, sans qu'il soit possible, dès à présent, d'assigner une limite aux dépenses, un terme à leur durée.

ANNEXES

I

RÈGLEMENT

POUR L'EXPLOITATION DES CARRIÈRES

DU DÉPARTEMENT DE LA SEINE.

Le sénateur, Préfet de la Seine.

Vu le décret, en date du 2 avril 1881, portant règlement pour l'exploitation des carrières du Département de la Seine,

ARRÊTE :

Le décret susvisé sera inséré au *Recueil des Actes administratifs du Département de la Seine*. Il sera, en outre, publié et affiché dans toutes les communes du Département.

Paris, le 30 mai 1881.

Signé : F. HEROLD.

Pour ampliation :
Le Secrétaire général de la Préfecture,
J.-G. VERGNIAUD.

DÉCRET.

Le Président de la République française,

Sur le rapport du Ministre des Travaux publics,

Vu le projet de règlement présenté par le Préfet de la Seine pour les carrières de ce Département;

Vu les avis du Conseil général des Mines, des 11 mai 1877, 8 mars 1878 et 17 décembre 1880;

Vu les lois des 21 avril 1810 et 27 juillet 1880;

Le Conseil d'État entendu.

DÉCRÈTE :

ARTICLE PREMIER. — Les carrières de toute nature ouvertes ou à ouvrir dans le Département de la Seine sont soumises aux mesures d'ordre et de police ci-après déterminées.

Conformément à la loi du 27 juillet 1880, portant modification de plusieurs articles de la loi du 21 avril 1810, l'exploitation des carrières souterraines de toute nature est interdite dans l'intérieur de Paris.

TITRE PREMIER. — DES DÉCLARATIONS.

ART. 2 — Tout propriétaire ou entrepreneur qui veut continuer ou entreprendre l'exploitation d'une carrière à ciel ouvert ou par galeries souterraines, est tenu d'en faire la déclaration au Maire de la commune où la carrière est située.

ART. 3. — La même obligation est imposée à tout propriétaire ou entrepreneur qui reprend l'exploitation d'une carrière abandonnée, qui veut, soit appliquer à une carrière à ciel ouvert le mode d'exploitation par galeries souterraines, soit ouvrir un nouvel étage dans une carrière souterraine.

ART. 4. — La déclaration doit être faite dans les délais suivants :

1º Pour les carrières actuellement en activité et qui n'ont pas encore été l'objet d'une déclaration, dans le délai de trois mois à partir de la promulgation du présent décret;

2º Pour les carrières à ouvrir, pour les carrières abandonnées, dont l'exploitation est reprise, ainsi que dans les autres cas prévus par l'article 3, dans la quinzaine à partir du commencement des travaux.

ART. 5. — La déclaration est faite en deux exemplaires.

Elle contient l'énonciation des nom, prénoms et demeure du déclarant, et la qualité en laquelle il entend exploiter la carrière.

Elle fait connaître, d'une manière précise, l'emplacement de la carrière et sa situation par rapport aux habitations, bâtiments et chemins les plus voisins.

Elle indique la nature de la masse à extraire, l'épaisseur et la nature des terres ou bancs de rochers qui la recouvrent, le mode d'exploitation, à ciel ouvert ou par galeries souterraines.

ART. 6. — Si l'exploitation doit avoir lieu par galeries souterraines, il est joint à la déclaration un plan des lieux, également en deux expéditions et à l'échelle de deux millimètres par mètre.

Sur ce plan sont indiqués les désignations cadastrales et le périmètre du terrain sous lequel l'exploitant se propose d'établir des fouilles, ainsi que de ses tenants et aboutissants, les chemins, édifices, canaux, rigoles et constructions quelconques existant sur ledit terrain dans un rayon de vingt-cinq mètres au moins, l'emplacement des orifices, des puits ou des galeries projetés.

Dans le cas où il existerait des travaux souterrains déjà exécutés, il en sera fait mention dans la déclaration.

ART. 7. — Si l'exploitation est entreprise par une personne étrangère à la commune où la carrière est située, cette personne doit faire élection de domicile dans ladite commune.

Dans le cas où l'exploitation est entreprise pour le compte d'une société n'ayant pas son siège dans la commune, la société doit également faire élection de domicile dans la commune.

Le domicile est, dans l'un comme dans l'autre cas, indiqué dans la déclaration.

Art. 8. — Les déclarations sont classées dans les archives de la Mairie. Il en est donné récépissé.

Un des exemplaires de la déclaration et, quand il s'agit de carrières souterraines, du plan qui y est joint, est transmis, sans délai, au Préfet.

Le Préfet envoie ces pièces à l'Ingénieur des Mines, qui les conserve et en inscrit la mention sur un registre spécial.

TITRE II. — DES RÈGLES DE L'EXPLOITATION.

SECTION PREMIÈRE. — DES CARRIÈRES EXPLOITÉES A CIEL OUVERT.

Art. 9 — Les bords des fouilles ou excavations sont établis et tenus à une distance horizontale de 10 mètres au moins des bâtiments et constructions quelconques, publics et privés, des routes ou chemins, cours d'eau, canaux, fossés, rigoles, conduites d'eau, mares et abreuvoirs servant à l'usage public.

L'exploitation de la masse est arrêtée, à compter des bords de la fouille, à une distance horizontale réglée à un mètre par chaque mètre d'épaisseur des terres de recouvrement, s'il s'agit d'une masse solide, ou à un mètre par chaque mètre de profondeur totale de la fouille, si cette masse, par sa cohésion, est analogue à ces terres de recouvrement.

Toutefois cette distance peut être augmentée ou diminuée par le Préfet sur le rapport de l'Ingénieur des Mines, en raison de la nature plus ou moins consistante des terres de recouvrement et de la masse exploitée elle-même.

Le tout sans préjudice des mesures spéciales prescrites ou à prescrire par la législation des chemins de fer.

Art. 10. — L'abord de toute carrière située dans un terrain non clos doit être garanti sur les points dangereux par un fossé creusé au pourtour et dont les déblais sont rejetés du côté des travaux, pour y former une berge, ou par tout autre moyen de clôture offrant des conditions suffisantes de sûreté et de solidité.

Les dispositions qui précèdent sont applicables aux carrières abandonnées.

Les travaux de clôture sont, dans ce cas, à la charge du propriétaire du fonds dans lequel la carrière est située, sauf recours contre qui de droit.

Le tout sans préjudice du droit qui appartient à l'autorité municipale de prendre les mesures nécessaires à la sûreté publique.

Art. 11. — Les procédés d'abatage de la masse exploitée ou des terres de recouvrement qui seraient reconnus dangereux pour les ouvriers peuvent être interdits par des arrêtés du Préfet, rendus sur l'avis de l'Ingénieur des Mines.

Dans le tirage à la poudre, et en tout ce qui concerne la conduite des travaux, l'exploitant se conformera à toutes les mesures de précaution et de sûreté qui lui seront prescrites par l'autorité.

SECTION II. — DES CARRIÈRES SOUTERRAINES.

Art. 12. — Aucune excavation souterraine ne peut être ouverte ou poursuivie que jusqu'à une distance horizontale de dix mètres des bâtiments et constructions quelconques, publics ou privés, des routes ou chemins, cours d'eau, canaux, fossés, rigoles, conduites d'eau, mares et abreuvoirs servant à l'usage public.

Cette distance est augmentée d'un mètre par chaque mètre de hauteur de l'excavation.

Cette distance pourra être exceptionnellement augmentée par arrêté du Préfet, sur le rapport des Ingénieurs des Mines, toutes les fois que l'exigera la sûreté publique ou la conservation des édifices et bâtiments publics ou privés, chemins, rigoles ou conduites d'eau.

ART. 13. — Les dispositions de l'article 10 sont applicables aux orifices des puits verticaux ou inclinés donnant accès dans des carrières souterraines, à moins que l'abord n'en soit suffisamment défendu par l'agglomération des déblais et l'élévation de leur plate-forme.

ART. 14. — Des dispositions semblables sont applicables aux abords des cavages et aux fontis que l'exploitation pourrait produire.

ART. 15. — Dans toute exploitation souterraine, par piliers tournés, les travaux devront être arrêtés à une distance des terrains voisins au moins égale à la moitié de la largeur d'un pilier. Mais si deux carrières sont contiguës, les exploitants pourront les mettre en communication en exploitant le rideau de masse réservé en vertu du présent article, d'un commun accord et dans les mêmes conditions que s'il s'agissait d'une exploitation unique.

ART. 16. — Pour tout ce qui concerne la sûreté des ouvriers et du public, notamment pour les moyens de consolidation des puits, galeries et autres excavations, la descente dans les carrières, la disposition et la dimension des piliers de masse, l'ouverture éventuelle de plusieurs étages de travaux superposés, le mode d'exploitation à suivre, les précautions à prendre pour prévenir les accidents dans le tirage à la poudre, les exploitants se conformeront aux mesures qui leur seront prescrites par le Préfet, sur le rapport de l'Ingénieur des Mines.

ART. 17. — Les puits ou bouches de cavages qui donnent entrée aux carrières souterraines seront fermés pendant la nuit de telle sorte que personne ne puisse y pénétrer. Il en sera de même pendant tout le temps de la cessation des travaux, si ceux-ci étaient momentanément suspendus.

ART. 18. — Tout puits définitivement abandonné sera comblé ou défendu par tout autre moyen reconnu suffisant par l'autorité préfectorale, sur le rapport de l'Ingénieur des Mines.

ART. 19. — Tout exploitant qui veut abandonner une carrière souterraine est tenu d'en faire la déclaration au Préfet, par l'intermédiaire du Maire de la commune où la carrière est située. Le Préfet fait reconnaître les lieux par l'Ingénieur des Mines et prescrit, sur son rapport, les mesures qu'il juge nécessaires dans l'intérêt de la sûreté publique.

ART. 20. — Lorsque le Préfet, sur le rapport de l'Ingénieur des Mines, constatera la nécessité de faire dresser ou compléter le plan des travaux d'une carrière souterraine, il pourra requérir l'exploitant de faire lever ou compléter le plan.

Si l'exploitant refuse ou néglige d'obtempérer à cette réquisition dans le délai qui lui aura été fixé, le plan est levé d'office, à ses frais, à la diligence de l'Administration.

SECTION III. — DISPOSITIONS COMMUNES AUX CARRIÈRES A CIEL OUVERT, ET AUX CARRIÈRES SOUTERRAINES.

ART. 21. — La prescription des articles 9, paragraphe 1er, et 12, paragraphe 1er, ne s'applique point aux murs de clôture autres que ceux qui enceignent des cimetières ou des cours attenant à des habitations.

Le Préfet peut, sur la demande de l'exploitant, réduire la distance de dix mètres, fixée par lesdits paragraphes, sauf en ce qui concerne les propriétés privées. Il statue sur le rapport de l'Ingénieur des Mines, après avoir pris l'avis des Ingénieurs des Ponts et Chaussées ou de l'Agent-Voyer s'il s'agit du Domaine national ou départemental; celui des Ingénieurs du Service municipal de Paris, s'il s'agit de canaux, aqueducs, conduites, constructions ou établissements quelconques appartenant à la Ville de Paris ; celui du Maire, s'il s'agit du domaine communal.

En ce qui concerne les propriétés privées, la distance fixée par les mêmes paragraphes peut être réduite par le fait seul du consentement du propriétaire intéressé.

Art. 22. — L'exploitant se conformera en tout ce qui concerne le travail des enfants, filles ou femmes employés dans les carrières, aux dispositions des lois et règlements intervenus ou à intervenir.

TITRE III. — DE LA SURVEILLANCE.

Art. 23. — L'exploitation des carrières à ciel ouvert est surveillée, sous l'autorité du Préfet, par les Maires et autres officiers de police municipale avec le concours des Ingénieurs des Mines et des agents sous leurs ordres.

Art. 24. — L'exploitation des carrières souterraines est surveillée, sous l'autorité du Préfet, par les Ingénieurs des Mines et les agents sous leurs ordres, sans préjudice de l'action des Maires et autres officiers de police municipale.

Art. 25. — Les Ingénieurs des Mines et les agents sous leurs ordres visitent dans leurs tournées les carrières souterraines.

Ils visiteront aussi, lorsqu'ils le jugeront nécessaire ou lorsqu'ils en seront requis par le Préfet, les carrières à ciel ouvert.

Les Ingénieurs des Mines et les agents sous leurs ordres dressent des procès-verbaux de ces visites. Ils laissent, s'il y a lieu, aux exploitants, des instructions écrites pour la conduite des travaux au point de vue de la sécurité ou de la salubrité. Ils en adressent une copie au Préfet.

Ils signalent au Préfet les vices d'exploitation de nature à occasionner un danger ou les abus qu'ils auraient observés dans ces visites, et provoquent les mesures dont ils auront reconnu l'utilité.

Art. 26. — Dans le cas où, par une cause quelconque, la solidité des travaux, la sûreté des ouvriers, celle du sol ou des habitations de la surface se trouve compromise, l'exploitant doit en donner immédiatement avis à l'Ingénieur des Mines ou au Garde-Mines, ainsi qu'au Maire de la commune, s'il s'agit d'une carrière souterraine. Dans le même cas, les exploitants de carrières à ciel ouvert préviendront le Maire de la commune.

Quelle que soit la nature de la carrière et de quelque façon que le danger soit parvenu à sa connaissance, le Maire en informe le Préfet et l'Ingénieur des Mines ou le Garde-Mines.

Art. 27. — L'Ingénieur des Mines, aussitôt qu'il est prévenu, ou à son défaut le Garde-Mines, se rend sur les lieux, dresse procès-verbal de leur état et envoie ce procès-verbal au Préfet, en y joignant l'indication des mesures qu'il juge convenables pour faire cesser le danger.

Le Maire peut aussi adresser au Préfet ses observations et propositions.

Le Préfet ne statue qu'après avoir entendu l'exploitant, sauf le cas de péril imminent.

Art. 28. — Si l'exploitant, sur la notification qui lui est faite de l'arrêté du Préfet, ne se conforme pas aux mesures prescrites, dans le délai qui aura été fixé, il y est pourvu d'office et à ses frais par les soins de l'Administration.

Art. 29. — En cas de péril imminent, reconnu par l'Ingénieur, celui-ci fait, sous sa responsabilité, les réquisitions nécessaires aux autorités locales, pour qu'il y soit pourvu sur-le-champ, ainsi qu'il est pratiqué en matière de voirie, lors du péril imminent de la chute d'un édifice.

Le Maire peut, d'ailleurs, toujours prendre, en l'absence de l'Ingénieur, toutes les mesures que lui paraît commander l'intérêt de la sûreté publique.

ART. 30. — En cas d'accident qui aurait été suivi de mort ou de blessures, l'exploitant est tenu d'en donner immédiatement avis à l'Ingénieur des Mines ou au Garde-Mines, ainsi qu'au Maire de la commune s'il s'agit d'une carrière souterraine.

Dans le même cas, les exploitants des carrières à ciel ouvert devront en donner immédiatement avis au Maire de la commune.

Quelle que soit la nature de la carrière et de quelque façon que l'accident soit parvenu à sa connaissance, le Maire en informe, sans délai, le Préfet et l'Ingénieur des Mines ou le Garde-Mines.

Il se transporte immédiatement sur le lieu de l'événement et dresse un procès-verbal qu'il transmet au Procureur de la République et dont il envoie copie au Préfet.

L'Ingénieur des Mines ou à son défaut le Garde-Mines se rend, dans le plus bref délai, sur les lieux. Il visite la carrière, recherche les circonstances et les causes de l'accident, dresse du tout un procès-verbal qu'il transmet au Procureur de la République et dont il envoie copie au Préfet.

Il est interdit aux exploitants de dénaturer les lieux avant la clôture du procès-verbal de l'Ingénieur des Mines.

L'Ingénieur des Mines se conforme, pour les autres mesures à prendre, aux dispositions du 3 janvier 1813.

ART. 31. — Les dispositions des articles 27, 28 et 29 sont applicables, à toute époque, aux carrières abandonnées dont l'existence compromettrait la sûreté publique.

Les travaux prescrits sont, dans ce cas, à la charge du propriétaire du fonds dans lequel la carrière est située, sauf son recours contre qui de droit.

ART. 32. — Lorsque des travaux ont été exécutés ou des plans levés d'office, le montant des frais est réglé par le Préfet, et le recouvrement en est opéré contre qui de droit par le Percepteur des contributions directes.

TITRE IV. — DE LA CONSTATATION, DE LA POURSUITE ET DE LA RÉPRESSION DES CONTRAVENTIONS.

ART. 33. — Les contraventions aux dispositions du présent règlement ou aux arrêtés préfectoraux rendus en exécution de ce règlement, autres que celles prévues à l'article 32, sont constatées par les Maires et Adjoints, par les Commissaires de police, gardes champêtres et autres officiers de police judiciaire et concurremment par les Ingénieurs des Mines et les agents sous leurs ordres ayant qualité pour verbaliser.

ART. 34. — Les procès-verbaux sont visés pour timbre et enregistrés en débet. Ils sont affirmés dans les formes et délais prescrits par la loi pour ceux de ces procès-verbaux qui ont besoin de l'affirmation.

ART. 35. — Lesdits procès-verbaux sont transmis en originaux aux Procureurs de la République et les contrevenants poursuivis d'office devant la juridiction compétente sans préjudice des dommages-intérêts des parties.

Copies des procès-verbaux sont envoyées au Préfet du département par l'intermédiaire de l'Ingénieur en chef.

ART. 36. — Les contraventions qui auraient pour effet de porter atteinte à la conservation des routes nationales ou départementales, des chemins de fer, canaux, rivières, ponts ou autres ouvrages dépendant du Domaine public, sont constatées, poursuivies et réprimées conformément aux lois sur la police de la grande voirie.

TITRE V. — DISPOSITIONS GÉNÉRALES.

Art. 37. — Les fonctions et attributions conférées aux Maires par le présent règlement sont exercées par le Préfet de la Seine pour les carrières situées dans l'intérieur de Paris.

Art. 38. — Les règlements précédemment appliqués aux carrières du Département de la Seine sont et demeurent abrogés.

Art. 39. — Le présent décret sera inséré au *Bulletin des Lois* et au *Recueil des Actes administratifs du Département.* Il sera publié et affiché dans toutes les communes du département.

Art. 40. — Le Ministre des Travaux publics est chargé de l'exécution du présent décret.

Fait à Paris, le 2 avril 1881.

Signé : JULES GRÉVY.

Par le Président de la République,
Le Ministre des Travaux publics,
Signé : SADI CARNOT.

II

EXPLOITATION DES CARRIÈRES

DANS LE DÉPARTEMENT DE LA SEINE

LE PRÉFET DE LA SEINE,

Vu le rapport en date du 28 août et 2 septembre 1882, par lequel les Ingénieurs des Mines signalent le danger des procédés d'abatage usités dans quelques carrières à ciel ouvert du département de la Seine ;

Vu les lois des 21 avril 1810 et 28 juillet 1880 et le décret du 2 avril 1881,

ARRÊTE :

ARTICLE PREMIER. — Les terres de recouvrement devront être enlevées par banquettes successives, la hauteur maximum de chaque banquette ne pouvant en aucun cas dépasser 4 mètres.

Art. 2. — Il est interdit de pratiquer, à la base des terres, des fours ou galeries d'aucune sorte pour en provoquer l'éboulement.

Art. 3. — L'emploi des souchets continuera à être toléré aux conditions suivantes :

1° La profondeur desdits souchets ne pourra surpasser 50 centimètres ;

2° Les parties souchevées seront soutenues pendant tout le cours du travail soit par des étais, soit par des piliers réservés en nombre suffisant ;

. 3° Un ouvrier sera placé au-dessus du front de masse pour veiller aux mouvements qui pourraient se produire dans le sol et en aviser les travailleurs.

ART. 4. — Les dispositions précédentes sont applicables aux masses exploitables autres que les roches calcaires et gypseuses sauf les modifications suivantes :

ART. 5. — Dans les exploitations de meulière la hauteur maximum des banquettes sera réduite à 2 mètres.

ART. 6. — Dans les exploitations de sable fin, dit sable de Fontainebleau, qui surmonte les gisements de plâtre, on pourra, au lieu de procéder par banquettes, piocher la masse sur toute sa hauteur, à la condition de maintenir un talus de 1 mètre de base sur 1 mètre de hauteur.

ART. 7. — Le présent arrêté sera inséré au *Recueil des Actes administratifs du département de la Seine.*

Il sera en outre imprimé, publié et affiché à la diligence des Maires des différentes communes chargés de veiller à son exécution.

Ampliation en sera transmise à l'Inspecteur général des Carrières.

Fait à Paris, le 25 septembre 1882,

Pour le Préfet, et par délégation :

Le Secrétaire général de la Préfecture,

J.-G. VERGNIAUD.

III

RÉGLEMENTATION DES COUPS DE MINES

LE PRÉFET DE LA SEINE,

Vu la loi du 21 avril 1810;

Vu le décret du 2 avril 1881;

Vu la décision rendue le 31 janvier 1884 par le Ministre des Travaux publics, sur l'avis du Conseil général des Mines, au sujet des précautions à prescrire pour le tirage des coups de mines dans les carrières de la Seine,

ARRÊTE :

ARTICLE PREMIER. — Il est interdit de faire emploi d'épinglettes ou de bourroirs en fer.

Pour amorcer les coups de mines, il sera fait usage d'épinglettes en cuivre ou en bronze ou d'étoupilles Bickford, dites fusées de sûreté[1].

Les bourroirs seront de préférence en bois ou tout au moins en bronze ou en cuivre sur un tiers de leur longueur.

ART. 2. — La poudre devra être introduite en cartouches et pressée doucement avec le bourroir.

---

1. «Ces derniers mots ne se rapportent pas à une espèce particulière d'étoupilles de fabrication anglaise ; l'Administration comprend au contraire, sous cette désignation, tout produit similaire quelle qu'en soit l'origine, pourvu qu'il offre des garanties suffisantes de sécurité. » (*Circulaire préfectorale du 21 novembre 1884.*)

Les matières employées pour le bourrage devront être exemptes de parcelles qui seraient de nature à produire des étincelles par le frottement ou par le choc.

Art. 3. — Les ouvriers ne devront pas revenir sur une mine ratée avant un délai d'une heure.

Tout essai de débourrage de mine ratée est formellement interdit.

Les trous de mines pratiqués dans le voisinage devront être placés à une certaine distance, et dirigés de manière à ne pas rencontrer le trou de mine ratée.

Art. 4. — Les coups de mines devront être recouverts de manière à éviter toute projection sur les chemins et sur les propriétés du voisinage. Avant l'allumage des coups de mines, des hommes munis au besoin de signaux optiques ou acoustiques seront apostés de manière à interdire l'accès du périmètre dangereux.

Art. 5. — Le tirage des coups de mines s'effectuera sous la surveillance immédiate du chef de chantier qui devra indiquer aux ouvriers les points de refuge, et s'assurer, avant l'allumage, qu'ils sont tous hors d'atteinte des projections.

Art. 6. — Dans le cas où il serait fait usage de la dynamite, les exploitants devront porter à la connaissance des ouvriers et faire afficher sur le lieu d'exploitation la note annexée à la circulaire ministérielle du 9 août 1880;

Ils devront veiller à l'observation des mesures de précaution qu'y s'y trouvent formulées.

Art. 8. — Les contraventions aux dispositions qui précèdent seront constatées et poursuivies conformément aux dispositions du titre IV du décret réglementaire du 2 avril 1881.

Art. 8. — Les Ingénieurs des Mines et agents sous leurs ordres, les Maires et autres officiers de police municipale sont chargé de surveiller l'exécution des dispositions prescrites et d'en assurer l'accomplissement, chacun en ce qui le concerne.

Art. 9. — Le présent arrêté sera inséré au *Recueil des Actes administratifs*. Des exemplaires en seront transmis : 1º à MM. les Maires de chacune des communes du département pour être affichés; 2º à M. l'Inspecteur général des Carrières pour être adressés par lui aux exploitants qui les feront afficher sur le lieu même de l'exploitation.

Fait à Paris, le 16 avril 1884.

LE PRÉFET DE LA SEINE,
Signé : E. POUBELLE.
Pour ampliation :
Le Secrétaire général de la Préfecture,
LÉON BOURGEOIS.

IV

RÉGLEMENTATION

DE L'OCCUPATION DES VIDES D'ANCIENNES CARRIÈRES

LE PRÉFET DE LA SEINE,
Vu la loi du 21 avril 1810, modifiée par celle du 7 juillet 1880;

Vu le décret du 2 avril 1881, portant règlement pour l'exploitation des carrières dans le département de la Seine, notamment les articles 27, 28 et 29, applicables, d'après l'art. 31, aux carrières abandonnées;

Vu le rapport du service des Mines, duquel il résulte qu'il y a lieu, dans l'intérêt de la sûreté publique, de réglementer l'occupation des vides d'anciennes carrières, conformément aux lois et règlements précités ;

ARRÊTE :

ARTICLE PREMIER. — L'occupation des vides d'anciennes carrières souterraines, pour un usage quelconque, notamment pour la culture des champignons, est soumise aux mesures d'ordre et de police ci-après déterminées;

ART. 2. — Tout propriétaire ou entrepreneur qui veut continuer ou entreprendre l'occupation des vides d'anciennes carrières est tenu d'en faire la déclaration au Maire de la commune où est située la carrière.

ART. 3. — La déclaration doit être faite dans les délais suivants :

1° Pour les anciennes carrières actuellement occupées, et qui n'ont pas encore été l'objet d'une déclaration ou d'une autorisation, dans le délai de trois mois à partir de la publication du présent arrêté;

2° Pour les anciennes carrières à occuper, dans la quinzaine qui précède l'occupation.

ART. 4. — La déclaration est faite en deux exemplaires; elle contient l'énonciation des nom, prénoms et demeure du déclarant et la qualité en laquelle il entend occuper la carrière. Elle est signée par la personne qui se propose de faire usage de la carrière abandonnée, ainsi que par les propriétaires de ladite carrière.

ART. 5. — Il est joint à la déclaration un plan des lieux à l'échelle de 0m,002 par mètre. Sur ce plan sont indiqués les vides qu'on se propose d'utiliser, les limites cadastrales, avec les numéros de chaque parcelle, et les noms des propriétaires des terrains supérieurs, ainsi que de leurs tenants et aboutissants; les chemins, édifices, canaux, rigoles, et constructions quelconques existant sur ledit terrain dans un rayon de 25 mètres au moins; l'emplacement des orifices, puits et galeries d'accès ouverts ou projetés.

Le périmètre à occuper sera nettement délimité sur ce plan au moyen d'un liséré. Il ne pourra être ultérieurement étendu sans une nouvelle déclaration faite dans les mêmes formes que la précédente.

ART. 6. — Si l'occupation a lieu par une personne étrangère à la commune où la carrière est située ou par une société n'ayant pas son siège dans la commune, la personne ou la société doit faire élection de domicile dans ladite commune.

ART. 7. — Les puits ou galeries par lesquelles on entre dans la carrière sont constamment maintenus en bon état.

Aucun puits ne pourra être ouvert à moins de 10 mètres de distance horizontale des bâtiments et constructions quelconques, publics ou privés, des routes ou chemins, cours d'eaux canaux, fossés, rigoles, conduites d'eau, mares et abreuvoirs, servant à l'usage public.

L'abord de tout puits qui ne serait pas recouvert par une cheminée d'aérage sera défendu par une palissade ou par tout autre moyen de clôture offrant des conditions suffisantes de sûreté et de stabilité.

Les puits ou bouches de cavage donnant accès aux ouvriers occupés seront fermés pendant la nuit, de telle sorte que personne ne puisse y pénétrer. Il en sera de même pendant tout le temps de la cessation des travaux, si ceux-ci sont momentanément interrompus.

Les treuils, câbles, échelles, et en général le matériel servant à l'entrée et à la sortie des ouvriers, seront solidement établis et constamment entretenus en bon état.

Art. 8. — Pour tout ce qui concerne la sûreté des ouvriers et du public, les occupants se conformeront aux mesures qui leur seront prescrites par l'Administration préfectorale, sur le rapport des Ingénieurs des Mines, ainsi qu'aux dispositions du décret réglementaire du 2 avril 1881, qui sont applicables aux carrières abandonnées.

Art. 9. — En cas d'accident survenu dans les travaux et qui aurait été suivi de mort ou de blessures, l'occupant est tenu d'en donner immédiatement avis à l'Ingénieur des Mines ou au Garde-Mines, ainsi qu'au Maire de la commune.

Art. 10. — Les contraventions aux dispositions du présent arrêté seront constatées par les Maires et Adjoints, par les Commissaires de police, gardes-champêtres et autres officiers de police judiciaire, et concurremment par les Ingénieurs des Mines et les agents sous leurs ordres ayant qualité pour verbaliser.

Art. 11. — L'arrêté préfectoral du 19 juin 1837, et en général toutes les dispositions contraires à celles contenues dans le présent règlement, sont et demeurent abrogés.

Art. 12. — Le présent arrêté sera inséré au *Recueil des Actes administratifs du département*. Il sera, en outre, publié et affiché, à la diligence des Maires de toutes les communes du département, chargés d'en assurer l'exécution, concurremment avec le service des Mines.

Fait à Paris, le 30 juillet 1884.

LE PRÉFET DE LA SEINE,
E. POUBELLE.

V

CONSTRUCTIONS

ÉLEVÉES DANS LA ZONE DES CARRIÈRES DE LA VILLE DE PARIS

RÈGLEMENT

LE SÉNATEUR, PRÉFET DE LA SEINE,

Vu la loi du 16-24 août 1790, sur l'organisation judiciaire, portant, Titre XI, art. 3 : « *Les objets de police confiés à la vigilance et à l'autorité des corps municipaux sont :* « *1° Tout ce qui intéresse la sûreté et la commodité du passage dans les rues, quais, places et voies publiques... ; 2° Le soin de prévenir par les précautions convenables..... les accidents..... »*

Vu le décret du 26 mars 1852 portant art. 4 : « *Il (tout constructeur) devra pareillement adresser à l'Administration un plan et des coupes cotés des constructions qu'il projette, et se soumettre aux prescriptions qui lui seront faites dans l'intérêt de la sûreté publique et de la salubrité..... Une coupe géologique des fouilles pour fondation de bâtiments sera dressée par tout architecte-constructeur, et remise à la Préfecture de la Seine..... »*

Vu l'avis du Conseil municipal de la ville de Paris, en date du 26 novembre 1880;

Considérant que les constructions exécutées sur le sol des carrières nécessitent des précautions spéciales dans l'intérêt de la sécurité publique;

Sur la proposition de l'Inspecteur général des Ponts et Chaussées, Directeur des Travaux de Paris,

ARRÊTE :

ARTICLE PREMIER. — A l'avenir, toute demande de construction ou de surélévation de bâtiment, d'établissement de jambes-étrières, etc., etc., sur des terrains situés dans la zone des carrières de la ville de Paris, sera l'objet d'un examen spécial de la part du Service des carrières du département de la Seine, qui indiquera les mesures à prendre ou les travaux à exécuter pour assurer la stabilité des fondations des constructions.

ART. 2. — Tout constructeur qui demandera l'autorisation de bâtir ou de surélever des constructions, d'établir des jambes-étrières, etc., etc., sur des terrains situés dans la zone des carrières de la ville de Paris, devra, avant de se mettre à l'œuvre, se conformer aux conditions particulières qui lui seront indiquées par l'Administration, dans l'intérêt de la sûreté publique.

ART. 3. — Il devra joindre aux plans dont la remise continuera à être effectuée dans les bureaux de la Préfecture, pour le Service de la voirie, un plan d'ensemble destiné au Service des carrières, représentant le périmètre de la propriété et les surfaces affectées aux constructions projetées avec l'indication exacte des distances de cette propriété aux angles les plus rapprochés des deux rues voisines. — Il devra y annexer la coupe géologique des fouilles pour fondation, et, au cas où il connaîtrait l'existence d'une carrière sous l'emplacement, le plan de cette carrière.

Faute par le constructeur de remettre les plans destinés au Service des carrières, la permission de bâtir ne pourra lui être délivrée, et tout retard dans la remise de ces plans prorogera d'autant le délai imparti pour la délivrance de la permission.

ART. 4. — Les contraventions aux dispositions du présent arrêté seront déférées aux tribunaux compétents.

ART 5. — Le Directeur des Travaux de Paris est chargé de l'exécution du présent arrêté qui sera publié et affiché, et, en outre, inséré dans le *Recueil des Actes administratifs* de la Préfecture de la Seine.

Fait à Paris, le 18 janvier 1881.

Signé : HEROLD.

Pour ampliation :
Le Secrétaire général de la Préfecture,
J.-G. VERGNIAUD.

TABLE DES MATIÈRES

CHAPITRE V
NOTICE CONCERNANT L'OSSUAIRE ET L'ENSEMBLE DES CATACOMBES DE PARIS

ANNEXES
TEXTE DES DOCUMENTS RÉGLEMENTAIRES

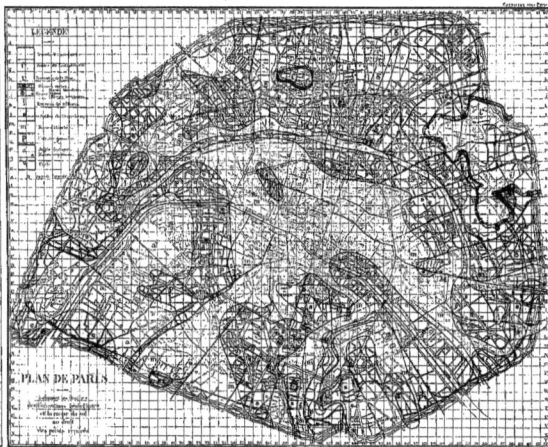

PLAN DE PARIS

LÉGENDE

PLAN DE PARIS

indiquant
les nappes d'eau souterraines
et le
niveau de l'eau
au droit
des points repérés

Cote de l'eau rapportée au niveau de la mer

Rep.	Cotes	Rep.	Cotes

Cote de l'eau rapportée au niveau de la mer

Rep.	Cotes	Rep.	Cotes

LEGENDE

Nappes des marnes vertes
Nappes diverses
Nappes de l'argile plastique
Nappes d'infiltration
Points repérés

Grav. chez L. Wuhrer.   Imp. Monrocq, Paris.

Les points du sol représentés sur le plan ci-contre par le centre d'un petit cercle en couleur sont identiques à ceux figurés sur les plans de la même collection relatifs aux formations géologiques et au relief du sol de Paris.
Un quadrillage à double entrée sert à repérer ces points. On trouve le niveau de l'eau au droit de l'un d'eux en se reportant aux tableaux numériques en marge où les cotes sont inscrites dans l'ordre des lettres et des N°s repères.
La profondeur de l'eau au-dessous du sol s'obtient en retranchant la cote de l'eau de celle du sol, donnée par un plan spécial.

PLAN DE PARIS

indiquant

les régions sous-minées

et le

niveau des excavations

au droit

des points repères

LÉGENDE

- Régions inexploitables.
- Régions exploitables.
- Régions reconnues exploitées.
- (Q.31) Ossuaire municipal.
- Points repères.

Cote par rapport au niveau de la mer (tableau de gauche)

Repères	Niveau du sol	Niveau du ciel de carrière	Hauteur des vides
A.31	26.70	16.70	4.70
I.51	74.2	51.0	4.0
I.35	124.5	83.4	16.0
I.55	78.9	72.0	10.0
I.54	192.0	72.0	10.0
I.50	90.2	74.0	4.0
A.9	48.8	43.0	7.5
54	76.0	68.5	8.5
18	55.0	50.0	2.2
14	59.6	44.2	2.3
9	55.0	57.0	7.5
12	56.9	51.2	2.3
57	88.0	75.0	4.0
F.31	37.6	33.3	2.0
33	41.6	31.0	1.6
30	44.3	33.5	2.0
34	51.6	37.8	2.0
30	53.3	38.6	1.8
40	40.4	31.3	2.0
19	33.2	32.1	1.6
31	40.9	33.5	2.0
32	50.8	39.6	2.0
31	58.3	34.8	2.2
30	53.2	39.7	1.6
30	55.3	37.0	1.5
32	55.7	36.0	1.9
36	48.5	37.0	7.0
53	44	28.0	0.86
60	35	72.0	1.00
L.30	51.1	42.9	4.0
23	45.6	43.0	2.6
17	59.6	37.8	1.5
23	36.5	38.3	1.5
36	41.6	36.5	2.5
41	48.7	32.6	1.3
42	38.3	32.8	1.8
54	42.6	33.0	1.00
M.50	50.1	47.7	1.1
25	54.3	44.8	2.1
27	62.6	47.0	3.5
39	60.0	44.0	3.1
41	54.2	36.1	1.9
M.30	55.2	47.8	1.8

Cote par rapport au niveau de la mer (tableau de droite)

Repères	Niveau du sol	Niveau du ciel de carrière	Hauteur des vides
N.24	63.70	54.70	1.78
30	61.4	45.3	2.0
33	56.3	39.9	2.0
34	48.8	40.3	2.0
39	47.2	37.8	1.9
41	53.5	38.6	1.8
Q.29	62.2	41.0	2.0
59	67.5	45.5	2.0
52	51.0	33.5	2.4
56	50.6	42.5	7.0
P.17	63.2	48.6	2.2
31	60.4	46.0	1.8
44	42.9	39.5	2.2
42	40.2	38.4	2.2
Q.17	55.4	48.8	2.2
12	38.6	40.5	1.5
30	69.2	47.6	2.0
31	58.0	47.0	7.5
39	50.7	40.1	2.2
40	61.0	41.0	7.6
43	50.0	35.2	1.0
45	40.7	39.4	2.0
R.74	47.7	51.5	1.6
18	46.6	42.0	1.3
29	66.1	41.6	1.8
31	58.3	43.9	3.0
40	61.5	39.7	7.0
41	51.0	40.9	7.0
45	51.9	38.2	1.4
S.38	68.0	46	1.2
37	63.7	44.0	1.0
38	38.4	38.2	2.0
39	51.8	41.2	7.0
40	50.3	44.4	7.2
45	50.0	40.0	1.2
46	51.9	35.6	1.2
T.26	66.7	56.7	1.8
30	69.2	46.5	1.2
U.38	87.9	51.9	2.3
31	72.2	40.4	7.0
32	53.0	45.6	1.40
44	57.0	48.1	1.7
V.33	78.2	37.1	1.7
40	80.1	46.6	1.1
X.44	58.0	50.2	1.6

Deux sortes de points figurent sur le plan ci-contre : 1° ceux qui, désignés au moyen d'un petit cercle, correspondent à des points identiques des plans de Paris relatifs au relief du sol, aux nappes aquifères et aux formations géologiques ; 2° ceux qui, désignés au moyen d'un △ n'ont par leurs correspondants sur les autres plans de Paris. Le quadrillage à double entrée sert à repérer ces divers points. En regard des repères de chacun d'eux, on trouve dans les tableaux en marge : la cote du niveau du sol, celle de la partie supérieure des excavations et la hauteur des vides laissés par l'exploitation. On en déduit sans peine les profondeurs utiles à considérer.

www.ingramcontent.com/pod-product-compliance
Lightning Source LLC
Chambersburg PA
CBHW070817210326
41520CB00011B/1994